Oyekunle Jerry Oyewo

Análise da produtividade dos produtores de milho a nível da exploração agrícola na zona agrícola de Ogbomoso

Oyekunle Jerry Oyewo

Análise da produtividade dos produtores de milho a nível da exploração agrícola na zona agrícola de Ogbomoso

ScienciaScripts

Imprint

Cover image: www.ingimage.com

This book is a translation from the original published under ISBN 978-3-659-51370-1.

Publisher:
Sciencia Scripts
is a trademark of
Dodo Books Indian Ocean Ltd. and OmniScriptum S.R.L publishing group

120 High Road, East Finchley, London, N2 9ED, United Kingdom
Str. Armeneasca 28/1, office 1, Chisinau MD-2012, Republic of Moldova, Europe
Printed at: see last page
ISBN: 978-620-8-12231-7

Índice:

Capítulo 1 5

Capítulo 2 10

Capítulo 3 22

Capítulo 4 25

DEDICAÇÃO

Este projeto é dedicado a Deus Todo-Poderoso, o Alfa e o Ómega da minha existência, pelas Suas misericórdias e proteção sobre mim, porque Ele me acompanhou ao longo deste estudo, e só a Ele seja dada toda a glória e honra.

RECONHECIMENTO

A Jesus Cristo, o mesmo ontem, hoje e sempre, e a Deus, o Alfa e o Ómega da minha vida, que fez com que a conclusão desta investigação fosse um êxito.

O meu sincero agradecimento vai para o meu supervisor, Prof. Y.L Fabiyi, pelo seu esforço incansável e pelo seu papel paternal no meu trabalho; quero dizer um grande obrigado, senhor. Também preciso de agradecer aos meus co-supervisores, Dr. J.O Ajetomobi, Dr. L.O. Olarinde e Dr. O.A. Ajao, pelo painel de avaliação e pelo bom trabalho que fizeram comigo.

Não posso deixar de recordar o meu bom amigo, Dr. M.O. Rauf, pelas noites sem dormir que passou comigo e com o meu estudo de investigação, pelo sofrimento que teve a meio da noite, de manhã e à tarde; é um homem maravilhoso. A minha profunda gratidão vai para o meu pai, Prof. A.B.A. Ogunwale, pelos seus altos e baixos em relação ao meu trabalho, especialmente pela aprovação da minha tese, e também para o Dr. O.S. Olabode, que facilitou o meu trabalho de campo para os dados recolhidos durante a realização deste estudo.

I need to appreciate further by acknowledging the following people for their immense contribution to the success of this work such as, Dr. Bamire (OAU), Dr. J.O. Oladeebo, Dr. Mrs. M.O. Adetunji, my sister Mrs. L.T. Ogunniyi, Mr. E. Ayanwuyi, Mr. O. I.Adesiyan, Mr. O.A. Akinboye, Mr. O.T. Yekeen, Dr .K.K. Salimon, Mr. W.A. Sanusi, Dr. R.G. Adeola, Dr.ª F.I. Olagunju, Sr. O.A. Olaniyi, Sr. K.D. Adedapo e todo o restante pessoal académico e não académico da AEE, especialmente a Sra. Ayoola, apesar de eu a ter incomodado, ela continua a responder-me.

Nem todos os pais são pais, mas há alguns pais que são de facto um pai, mas que não podem ser esquecidos, pessoas como o Prof. I.A. Adetunji, o Prof. M.O. Akanbi, o Prof. B. Afolabi, o Prof. J.G. Adewale, o Dr. I.O. Oladosu, de facto, colherão o fruto do vosso trabalho.

Não estaria completo sem agradecer aos meus bons amigos pelos seus conselhos e preocupação para comigo, amigos como Segun Olabisi (Shigo), Akinniran Nuraini, Kabiru Adeyemi, Wole Adeleke, Seyi (Justiça), Yusuf (Senador), O falecido Alhaji Taofeek Oyegbade, as minhas filhas, Bukola Faloore, Funke Akande, Bisi Biodun, Tosin Falodun e a direção do Oceanic Cyber Café, em especial Femi Olasupo (FM) e Kayode Emmanuel (AB).

A minha gratidão estende-se também ao Conselho Diretivo da LAUTECH pelo patrocínio, aos Movimentos Liberais e ao meu irmão Deji Oyewo e, acima de tudo, aos meus pais, o Sr. e a Sra. D.O. Oyewo, pelas suas orações e noites sem dormir por mim. Por fim, o meu querido Angel Olagunju. O.B.

RESUMO

Observou-se que a baixa produtividade na agricultura é um problema que impede o aumento e a sustentabilidade dos rendimentos agrícolas. Por conseguinte, o estudo efectua uma análise a nível das explorações agrícolas dos produtores de milho na zona agrícola de Ogbomoso, no Estado de Oyo. Foi utilizada uma técnica de amostragem em várias fases para selecionar 120 agricultores na zona de estudo. Os dados foram recolhidos e sujeitos a estatísticas descritivas e inferenciais e o modelo de produção de fronteira estocástica foi analisado para determinar a relação entre a variável dependente (produção de milho) e as variáveis independentes e a ineficiência técnica na atividade dos agricultores na área de estudo.

Foi revelado que 79,2% dos inquiridos eram naturais, 100% eram homens, 83,3% eram casados, 70,9% eram alfabetizados e mais de 60% tinham até 5 anos de experiência agrícola. Os resultados da regressão mostram ainda que a dimensão da exploração agrícola foi estatisticamente significativa ao nível de 5 %, enquanto a mão de obra contratada (-0,149) foi negativa e estatisticamente significativa ao nível de 10 % na ZD Sul de Ogbomoso e a Semente foi positiva e estatisticamente significativa em todas as ZD ao nível de 1 %. O parâmetro gama estimado (y) de 0,13 em Ogbomoso sul, 0,30 em Ogo oluwa, 0,99 em Surulere, 0,40 em Orire e 0,12 para os dados agrupados indica que 13%, 30%, 99%, 40% e 12% da variação total da produção de milho se deve a ineficiências técnicas no estudo. A eficiência técnica média (/J) foi de 0,961 nos dados agrupados, de 0,843 em Ogbomoso South LGA, de 0,929 em Orire LGA, de 0,669 em Surulere LGA, e de 0,958 em Ogooluwa LGAs. O Retorno à Escala (RTS) foi de 2,773 na RLG de Ogbomoso Sul, 0,271 na RLG de Orire, 2,302 na RLG de Surulere, 0,568 na RLG de Ogo oluwa e 0,587 nos dados agrupados.

Concluiu-se, portanto, que existe uma relação positiva e significativa entre a dimensão da exploração agrícola, as sementes utilizadas e a produção de milho na Zona Agrícola de Ogbomoso e também que o acesso a sementes de boa qualidade tem um impacto positivo na produção, e que o aumento da dimensão da produção traz melhores resultados para os agricultores. Foi recomendado, entre outros, que se intensifiquem os esforços por parte dos agentes de extensão na educação dos agricultores, de modo a aumentar a sua eficiência na produção de milho.

CAPÍTULO 1

1.1 INTRODUÇÃO

1.2 Antecedentes do estudo

Recentemente, a maior parte dos grãos de milho produzidos na Nigéria provinha da zona sudoeste. Embora uma grande proporção do milho verde ainda seja produzida em toda a parte sudoeste do país, tem havido uma mudança dramática da produção de grãos secos para a savana, especialmente a savana do norte da Guiné. Esta pode agora ser considerada como a cintura do milho da Nigéria; nesta zona, os agricultores tendem a preferir o cultivo do milho a outras espécies de cereais. Esta tendência pode ter sido provocada por várias razões, incluindo a disponibilidade de variedades resistentes a estrias, variedades híbridas de alto rendimento, aumento da procura de milho, juntamente com a proibição imposta pelo governo federal à importação de arroz, milho e trigo. A produção local teve de ser orientada para satisfazer a procura para consumo humano direto, fábricas de cerveja, cereais para bebés, alimentos para animais e outras indústrias (Iken e Amusa, 2004).

A importância de manter a produção agrícola para melhorar o nível de vida foi reconhecida por todos os países do mundo. No entanto, na literatura económica dos anos 50 e 60, o papel da agricultura no desenvolvimento era considerado acessório em relação ao do sector industrial moderno, onde se esperava que a maior parte da acumulação e do crescimento tivesse lugar. As investigações teóricas subsequentes e o desempenho muito dececionante da agricultura em muitos países em desenvolvimento levaram a crer que o papel da agricultura no desenvolvimento deveria ser reexaminado. O crescimento irregular e não igualitário, a persistência da subnutrição, as fomes periódicas e o aumento da dependência alimentar do exterior continuaram. A situação é, no entanto, substancialmente pior do que a evidenciada por estas tendências. De facto, as condições iniciais a partir das quais se verificou o baixo crescimento eram já bastante preocupantes. A oferta média de alimentos per capita era claramente inferior às necessidades, enquanto o consumo de alimentos era tradicionalmente muito desigual. Investigações recentes mostraram que essa desigualdade parece ter aumentado mesmo em países com um crescimento agrícola relativamente rápido. Assim, os efeitos combinados dos baixos pontos de partida, do crescimento lento ou negativo da produção alimentar per capita e do agravamento da distribuição do rendimento e do consumo alimentar explicam o aumento do número de pessoas que sofrem de uma ingestão alimentar deficiente e a razão pela qual a ameaça alimentar continua a pairar sobre muitos países em desenvolvimento.

Atualmente, existe um amplo consenso sobre a necessidade de aumentar a produção agrícola e melhorar os padrões nutricionais. No entanto, os pontos de vista e as políticas diferem muito quanto à forma de atingir esses objectivos. Foi proposto um grande número de estratégias, que vão desde a opção tecnológica, que salienta a utilização crescente de maquinaria moderna, pesticidas e fertilizantes, até outras que consideram que a estrutura económica e de poder existente na agricultura é o principal obstáculo ao desenvolvimento rural. De acordo com este último ponto de vista, o fornecimento de mais e melhores factores de produção, embora necessário, não seria suficiente para assegurar um crescimento rápido e igualitário capaz de eliminar a pobreza rural. O aumento da oferta de factores de produção deve ser acompanhado de medidas que garantam à população rural um acesso amplamente igualitário à terra e a outros activos produtivos, o que pode ser conseguido através da redistribuição das terras

A terra é um fator importante e um recurso de produção no sector agrícola em geral. A terra desempenha uma função de segurança social para a maioria dos nigerianos porque, depois de tudo o resto ter falhado, ainda podem regressar às suas aldeias para reclamar uma parte da terra da família e cultivá-la para subsistência (Fabiyi, 1990). Também determina o nível de produtividade da produção agrícola. A informação disponível mostra que no sul da Nigéria, por exemplo, se registou um declínio consistente no rendimento por hectare das principais culturas alimentares entre 1995 e 2000 (Agbonlahor, 2003). Além disso, a terra enfrenta muitos problemas ambientais, especialmente os que resultam das actividades humanas; por exemplo, a destruição da terra através de práticas agrícolas inadequadas ao clima, ao declive e ao solo, a extinção de espécies animais e vegetais através da caça, da pesca e da perturbação dos habitats, a prevenção da regeneração das florestas através de práticas de desflorestação não planeadas e de queimadas periódicas, a espoliação de valores cénicos e outros valores estéticos através da exploração mineira a céu aberto, da construção de estradas, etc. Interferência na utilização das águas superficiais e subterrâneas através do desnudamento das bacias hidrográficas, da bombagem excessiva e da danificação das zonas de infiltração.

Assim, o problema ambiental predominante na maior parte das zonas agrícolas é a degradação das terras, que se exprime sob a forma de perda de fertilidade do solo, erosão do solo e desflorestação em resultado da recolha de lenha. A degradação das terras pode ser vista como uma alteração negativa do potencial de produtividade dos recursos terrestres, resultante principalmente das actividades humanas. O seu efeito é visível e refletido na disponibilidade inadequada de terras para fins de produção agrícola, sobretudo para a produção vegetal e o pastoreio de gado. Isto conduz, portanto, a uma baixa produtividade, a uma redução das terras de pastagem para o gado, a um baixo nível de vida em resultado de baixos rendimentos, à pobreza, o que se traduz em insegurança alimentar, etc. A degradação das terras pode ser vista, em termos gerais, de duas formas:

- O subinvestimento nas terras, que implica a degradação das terras existentes componentes da terra que não são mantidos, tais como terraços, obras de irrigação, etc., bem como melhoramentos da terra que não são efectuados devido à falta de incentivos ao investimento.
- Exploração excessiva dos recursos terrestres através do sobrepastoreio, da utilização excessiva de fertilizantes, acidificação e salinidade do solo, bem como erosão do solo; em seguida, sobrecarga de nutrientes do solo e perda de terras agrícolas para outras utilizações.

Por conseguinte, é imperativo estudar a forma como os produtores de milho optimizam a produção nas suas explorações, se os valores óptimos forem definidos em termos do nível máximo de produção que pode ser alcançado dado o nível de factores de produção ou o nível mínimo de factores de produção que pode ser utilizado para produzir um determinado nível de produção, ou seja, em termos da fronteira de produção; a eficiência é técnica. Por isso, o estudo centra-se na análise dos produtores de milho ao nível da exploração agrícola, tendo em conta a sua eficiência técnica.

1.2 Declaração do problema

Para ter um sistema de produção agrícola sustentável, a maioria dos países em desenvolvimento enfrenta atualmente a necessidade urgente de pôr fim ao baixo nível de produtividade na agricultura. Alguns destes países, especialmente a Nigéria, não estão a produzir alimentos suficientes para serem auto-suficientes, embora tenham potencial para o fazer. E, para alcançar um rendimento elevado na agricultura, melhorar o nível de vida dos agricultores e melhorar as comodidades sociais, a ineficiência dos agricultores deve ser seriamente abordada com políticas e programas governamentais adequados. Isto ajudará os produtores de milho a compreender as práticas de gestão necessárias no que diz respeito ao uso da terra, ao planeamento, à gestão e à utilização dos recursos.

Assim, é por esta razão que este estudo de investigação dá resposta às seguintes questões de investigação:

- Quais são as caraterísticas socioeconómicas dos produtores de milho?
- Qual é a eficiência técnica da produção de milho na área de estudo?
- Quais são os factores determinantes da produção de milho na área de estudo?

1.3 Objectivos do estudo

O objetivo geral do estudo é efetuar uma análise da produtividade dos produtores de milho ao nível da exploração agrícola na zona agrícola de Ogbomoso, no Estado de Oyo. Os objectivos específicos são os seguintes

- identificar e discutir as caraterísticas socioeconómicas do milho agricultores da zona de estudo,
- determinar a eficiência técnica da produção de milho na zona
- examinar os factores determinantes da produção de milho na área de estudo.

1.4 Hipótese do estudo

Hipótese nula (H_0):

H_{01} : Não existe uma relação significativa entre a dimensão da exploração agrícola e a produção de milho.

H_{02}: Não existe uma relação significativa entre a qualidade das sementes utilizadas e a produção de milho.

1.5 Justificação do estudo

A procura de milho aumentou tremendamente na sequência do aumento da população e do facto de o milho ser uma parte importante da alimentação básica das famílias, tanto nas zonas rurais como urbanas, e de a procura de milho ser maior do que a oferta, apesar de um esforço intensivo do Governo para aumentar a produção alimentar. Além disso, a maior parte das investigações e estudos realizados sobre as terras agrícolas, com poucas excepções, centraram-se no aspeto biofísico do problema, em particular a fragmentação e a erosão do solo, sem grande ênfase nos factores económicos, sociais ou institucionais que afectam a forma como os agricultores gerem as suas terras agrícolas.

Vale a pena notar que muitos factores contribuem para a baixa produtividade, incluindo: gestão agrícola, utilização de recursos, pressão populacional, ecossistema frágil, pobreza, posse da terra, conhecimento inadequado de tecnologias apropriadas e know-how técnico, incentivos de preços inadequados, factores socioculturais e percepções e atitudes dos agricultores que são inerentemente imprevisíveis. Estes factores influenciam e têm efeito sobre os resultados da produção e as práticas de gestão no seu conjunto.

O estudo fornecerá informações verdadeiras sobre a eficiência da utilização dos recursos pelos agricultores e identificará os efeitos da utilização dos recursos pelos agricultores. Isto ajudará o governo na formulação de políticas e estratégias adequadas.

1.6 Âmbito e limitações do estudo

O presente estudo tem por objetivo analisar a produtividade dos produtores de milho ao nível da exploração agrícola na zona agrícola de Ogbomoso, no Estado de Oyo. O principal objetivo era examinar a eficiência dos produtores de milho e os factores determinantes da produção de milho na zona de estudo.

Os principais problemas encontrados durante este estudo foram: a deficiente manutenção de registos e o constrangimento cultural na obtenção de informações dos agricultores, a relutância dos agricultores em revelar informações à sua disposição, por exemplo, o número de filhos, os bens materiais, o seu nível de rendimento e a rede rodoviária deficiente.

CAPÍTULO 2

2.1 REVISÃO DA LITERATURA

2.2 Conceito de eficiência e de produção

A eficiência é o ato de obter bons resultados com pouco desperdício de esforços. É o ato de aproveitar os recursos materiais e humanos e de coordenar esses recursos para alcançar um melhor objetivo de gestão. Farrel (1957) distinguiu entre os tipos de eficiência (a) Eficiência Técnica (ET), (b) Eficiência Alocativa (EA) e (c) Eficiência Económica (ER), afirmando que a eficiência agrícola pode ser medida em termos de todos estes tipos de eficiência. A medida adequada da eficiência técnica é a poupança de factores de produção, que indica a taxa máxima a que se pode reduzir a utilização de todos os factores de produção sem reduzir a produção. A eficiência técnica é definida como a capacidade de atingir um nível mais elevado de produção, tendo em conta níveis semelhantes de factores de produção. A eficiência alocativa diz respeito à medida em que os agricultores tomam decisões de eficiência, utilizando os factores de produção até ao nível em que a sua contribuição marginal para o valor da produção é igual ao custo dos factores. As eficiências técnica e de afetação são componentes da eficiência económica (Abdulai e Huffman, 1998).

A produção é definida como a transformação de bens e serviços em produtos acabados (ou seja, a relação entradas-saídas), o que também se aplica a todos os processos de produção, incluindo a produção de milho. Olayide e Heady (1982) definem o processo de produção como um processo em que alguns bens e serviços, designados por inputs, são transformados noutros bens e serviços, designados por outputs. Na agricultura, os factores de produção físicos que utilizamos são: terra, trabalho, capital e gestão. Pitt e Lee (1981) estimaram as fronteiras estocásticas e previram as eficiências a nível da empresa utilizando estas funções estimadas, tendo depois regredido as eficiências previstas em função de variáveis específicas da empresa, como a experiência de gestão, as caraterísticas da propriedade, etc., numa tentativa de identificar algumas das razões para as diferenças nas eficiências previstas entre as empresas de um sector. Há muito que este exercício é reconhecido como útil, mas o procedimento de estimação em duas fases também é reconhecido como um procedimento inconsistente nos seus pressupostos relativamente à independência dos efeitos da ineficiência em duas fases de estimação. É pouco provável que o procedimento de estimação em duas fases forneça estimativas tão eficientes como as que poderiam ser obtidas utilizando um procedimento de estimação numa única fase.

2.3 Função de produção de fronteira estocástica

A estimativa empírica da eficiência é normalmente efectuada com a metodologia da função de produção de fronteira estocástica. O modelo de produção de fronteira estocástica tem a vantagem de permitir a estimativa simultânea das eficiências técnicas e alocativas individuais dos agricultores, bem como dos factores determinantes da eficiência técnica (Battese e Coelli, 1995). A aplicação económica do modelo de fronteira estocástica para a análise da eficiência inclui Aigner et al., (1977) em que o modelo foi aplicado a dados agrícolas dos EUA, Battese e Corra (1977) aplicaram a técnica na zona pastoral do leste da Austrália, Ogundari e Ojo (2005), Ajibefun et al, (2002), Bravo Ureta e Pinheiro (1993) e Ali e Byerlee (1991), que fazem uma análise exaustiva da aplicação do modelo de fronteira estocástica para medir a eficiência técnica e económica dos produtores agrícolas nos países em desenvolvimento. A eficiência técnica é a capacidade da empresa para produzir o máximo de resultados a partir dos seus recursos. Uma empresa é tecnicamente mais eficiente se produzir um nível de produção superior ao de outra empresa com o mesmo nível de utilização de factores de produção e de tecnologia. As medidas de eficiência técnica dão uma indicação dos ganhos potenciais na produção se as ineficiências na produção fossem eliminadas. Medidas recentes de eficiência técnica na União Soviética têm sido incongruentes com a presunção de que os obstáculos burocráticos no sistema de economia de comando promovem inerentemente o desperdício na utilização de recursos e ineficiências na produção. Koopman (1989), na sua análise de dados de séries temporais da produção agrícola agregada da República Soviética, estimou que o nível médio de eficiência técnica na agricultura soviética é de quase 95 por cento, com pouca variabilidade entre as repúblicas.

A eficiência técnica também foi definida por Njeru (2004), como a capacidade de uma exploração agrícola maximizar a produção para um determinado conjunto de recursos e insumos, enquanto a eficiência alocativa (preço dos factores) reflecte a capacidade da exploração agrícola de utilizar os insumos em proporções óptimas, tendo em conta os respectivos preços e a tecnologia de produção. As ideias da função de produção podem ser ilustradas com uma exploração agrícola que utiliza n factores de produção: x_1, x_2, ... Xn, para produzir a produção Y. A transformação eficiente dos factores de produção em produção é caracterizada pela função de produção f (Xi), que mostra a produção máxima que pode ser obtida a partir dos vários factores de produção utilizados na produção.

Battese (1992) fez uma apresentação mais geral do conceito de Farrell sobre a função (ou fronteira) de produção, como mostra a figura 1, envolvendo os valores originais de input e output. O eixo horizontal representa o (vetor de) inputs, X, associado à produção do output, Y. Os valores observados de input-output estão abaixo da fronteira de produção, dado que as explorações agrícolas não atingem o máximo output possível para os inputs envolvidos, dada a tecnologia disponível, A, medir a eficiência técnica da exploração agrícola que produz o output, Y, com inputs, X, denotado pelo ponto A, é dado por Y/Y^*, em que Y^* é o "output de fronteira" associado ao nível de inputs, X (ver ponto B). Esta é uma medida de eficiência técnica, que depende dos níveis dos factores de produção envolvidos.

Figura 1: Eficiência técnica das empresas no espaço input-output.

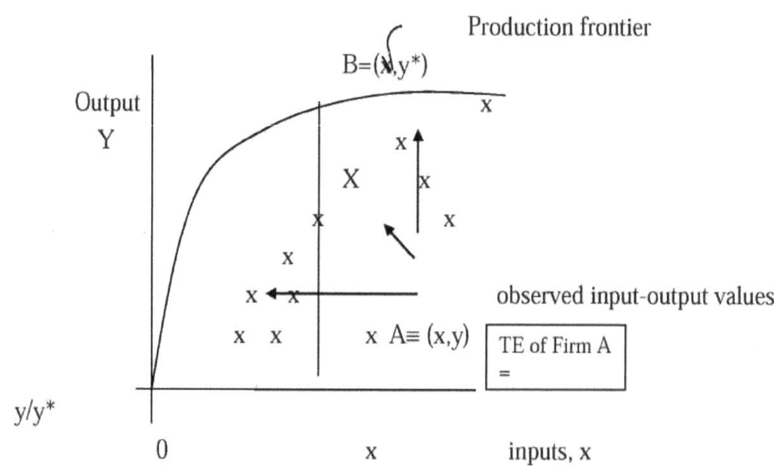

Fonte: Battese, 1992.

Em conformidade com os trabalhos de vários académicos como Seyoum et al., (1998) onde as fronteiras estocásticas foram utilizadas para estimar a eficiência técnica e a produtividade dos produtores de milho dentro e fora do projeto Sasakawa -Global 2000 na Etiópia. Ayoola (1983), na sua investigação sobre a economia da produção de milho em Oyo North ADP, deu um contributo valioso utilizando o procedimento de estimativa dos mínimos quadrados ordinários (OLS) numa função de produção Cobb-Douglas. Descobriu que o fator mais significativo que leva à variação da produção de milho é a área de terra, enquanto a redução da produção se deve principalmente à utilização de máquinas. Os seus resultados mostraram um ligeiro aumento do retorno à escala e, com base nisso, recomendou que a produção em grande escala fosse incentivada. Por conseguinte, para efeitos do presente estudo, a função de produção de fronteira estocástica, em que Cobb-Douglas foi proposta por Battese e Coelli (1995) e confirmada por Yao e Liu (1998), representa a melhor forma funcional da fronteira de produção e foi utilizada para a análise dos dados, a fim de melhor estimar a ineficiência dos produtores de milho. Por conseguinte, neste estudo, foi utilizada a fronteira de produção estocástica para determinar a eficiência técnica da análise ao nível da exploração agrícola entre os produtores de milho da área de estudo.

A função de produção de fronteira estocástica foi proposta de forma independente por Aigner et al (1977) e Meeusen e Van den Broeck (1977), que especificaram uma função de produção especificada para dados transversais com um termo de erro com duas componentes, para ter em conta os efeitos aleatórios e a ineficiência técnica, que pode ser expressa da seguinte forma

Yj = f (xi; P) +8

Onde Yj = a produção ou a produção da j-ésima exploração,

X_i = o vetor de (transformações do) i-ésimo fator de produção utilizado pela j-ésima exploração

β= é um vetor de parâmetros desconhecidos e

$\varepsilon = V - U$

em que s = um termo de erro

V = variáveis aleatórias

U = variáveis aleatórias não negativas que se pressupõe representarem a ineficiência técnica na produção.

2.3 Produção de milho

O milho é originário da América Central e do Sul e foi introduzido em África pelos portugueses no século 16th . Segundo um relatório, foi introduzido na Europa em 1942 a partir da América Central e do Sul por Cristóvão Colombo e, mais tarde, espalhado para África pelos holandeses na África Austral (Okoruwa, 2006). O milho é um dos principais e mais importantes cereais cultivados na floresta tropical e na zona de savana derivada da Nigéria. É também um dos cereais populares na Nigéria; serve como principal alimento básico para milhões de nigerianos.

A produção e a certificação de sementes tomaram um novo rumo na Nigéria com o estabelecimento de empresas privadas de sementes. O serviço nacional de sementes, que costumava ser a fonte primária de sementes melhoradas, também expandiu as suas instalações, alargou o seu âmbito e contratou pessoal com melhor formação. Assim, as sementes melhoradas estão prontamente disponíveis para os agricultores. O milho é mais produtivo na faixa média e norte da Nigéria, onde a luz do sol é adequada e a precipitação é moderada (Obi, 1991).

Nestas condições, o armazenamento dos grãos pode ser efectuado sem grandes danos.

2.4 Importância do milho

A importância do milho não pode ser sobrestimada, pois é tão importante que, na África Subsariana, a falta de milho é sinónimo de fome (Ricardo, 1997). A importância económica do milho é transversal a diferentes esferas da vida humana. O milho contém 80% de hidratos de carbono, 10% de proteínas, 3,5% de fibras e cerca de 25 de minerais (Iltis e Doebley, 1980).

Também serve de alimento para consumo humano, como a papa; as pipocas, as papas de aveia grossas e os grãos cozidos são alimentos notáveis consumidos pela maioria dos nigerianos, sobretudo na parte sul do país. O milho é importante do ponto de vista industrial, principalmente para a produção de amido e álcool. O amido pode ser utilizado como conversor de dextrina, xarope e açúcar; o óleo obtido a partir dele é utilizado para fazer sopa ou refinado para cozinhar e temperar saladas. O amido de milho é amplamente utilizado para a produção de álcool (Inglett, 1970).

As indústrias de milho oferecem oportunidades de emprego a muitos agricultores; por exemplo, na época de cultivo de 1964 a 1965, cerca de 28% dos agricultores da Nigéria cultivavam milho, e em 1986 a produção de milho foi estimada em 861.000 toneladas métricas (Titilola e Igben, 1986), a área cultivada com milho aumentou de 653.000 ha em 1984 para o seu nível atual de 5.000.000 m ha., a produção também aumentou de 1.000.000 m para 7.000.000 m toneladas durante o mesmo período. O rendimento médio de 1,4 - 1,5 t / ha obtido é baixo em comparação com outros locais. (IITA, 2007)

2.5 Dimensão da exploração e produtividade da terra

A literatura atual sobre o desenvolvimento rural está repleta de estudos sobre o efeito da dimensão das explorações agrícolas na produtividade da terra. A controvérsia é importante porque fornece informações sobre a existência de economias de escala na agricultura e sobre a escolha de uma dimensão óptima da exploração. A versão moderna da controvérsia sobre o efeito da dimensão começou com a publicação, na década de 1950, dos resultados dos Indian Farm Management Studies, que mostravam que existia uma relação inversa entre a dimensão da exploração e a produtividade da terra. A investigação empírica subsequente deixa poucas dúvidas quanto à validade e generalidade deste fenómeno observado em muitos países em desenvolvimento da Ásia e da América Latina, caracterizados por condições naturais e climáticas, tipos de solo, estruturas agrárias e padrões de cultivo muito diferentes.

Na maioria dos países em desenvolvimento, as condições de produção na agricultura diferem substancialmente das encontradas nos países avançados. Em termos gerais, a produção ocorre em condições bimodais, isto é, em grandes explorações agrícolas ou na força de trabalho sem terra. As relações de produção capitalistas estão pouco desenvolvidas e, em alguns países em desenvolvimento, são praticamente inexistentes (como em parte da África Tropical e do Sul da Ásia). Os factores ou meios de produção (terra, trabalho, fertilizantes) ou os produtos de base são limitados e monopolizados em grande medida por proprietários ricos que controlam o acesso aos recursos disponíveis. Nestas circunstâncias, a utilização de vários recursos depende da sua disponibilidade relativa e do seu custo para os diferentes grupos de agricultores. O tema central da literatura sobre este assunto é que as pequenas e grandes explorações agrícolas enfrentam sistematicamente diferentes conjuntos de preços dos factores, o que lhes dá um acesso diferente aos recursos e diferentes incentivos à produção. Em termos muito gerais, pode dizer-se que o preço efetivo da terra e do capital é geralmente mais elevado para os pequenos agricultores, enquanto o preço efetivo da mão de obra é mais baixo.

No mercado de trabalho, em condições de grande excesso de oferta de mão de obra, uma compensação completa do mercado deveria levar a taxa de salário para perto de zero. Na prática, porém, as taxas salariais corresponderão provavelmente às necessidades calóricas que permitem aos assalariados reproduzir o seu trabalho de forma eficiente. Assim, os grandes agricultores tendem a empregar mão de obra até que o seu produto marginal seja igual a essa taxa salarial. Uma grande parte da mão de obra fica, assim, sem possibilidade de obter um emprego nas grandes explorações. A mão de obra pode ser mais abundante e mais barata para os pequenos agricultores; de facto, dada a escassez de terras disponíveis, os agricultores pobres têm, em princípio, um grande excesso de mão de obra. A possibilidade de utilizar este excesso de mão de obra em empregos fora das explorações agrícolas é limitada devido à estreiteza do mercado de trabalho. Assim, espera-se que o custo de oportunidade de empregar membros da família na própria exploração seja muito baixo (igual à desutilidade do esforço). Isto implica que uma quantidade muito maior de mão de obra, mesmo com uma produtividade marginal baixa e rapidamente decrescente (provavelmente abaixo da taxa de salário do mercado), é imputada à agricultura das pequenas explorações.

A situação é frequentemente inversa no que respeita ao acesso aos mercados de capitais e aos factores de produção intermédios. As instituições financeiras que concedem crédito aos pequenos agricultores estão menos desenvolvidas nas zonas rurais, o que torna os agricultores dependentes dos agiotas locais, que geralmente cobram taxas de juro elevadas e muito elevadas. O pouco crédito agrícola disponível em condições favoráveis vai geralmente para os camponeses mais ricos, devido à sua maior solvabilidade e também porque geralmente exercem algum controlo sobre as instituições que canalizam o financiamento oficial para as zonas rurais. O custo e o acesso ao crédito podem estar inversamente relacionados com a dimensão da exploração. Consequentemente, o custo diferente do financiamento para as grandes e pequenas explorações incentiva frequentemente a substituição de mão de obra por equipamento de capital nas grandes explorações.

Do mesmo modo, no mercado fundiário, os pequenos agricultores enfrentam um preço efetivo da terra mais elevado. A compra de uma pequena parcela implica geralmente um preço unitário mais elevado do que o de uma grande propriedade. Além disso, cada compra implica frequentemente a contração de um empréstimo a longo prazo, cuja taxa de juro e prazo de vencimento serão mais favoráveis ao grande operador, devido à sua melhor notação de crédito. O pequeno camponês vê-se assim confrontado com um preço real da terra mais elevado do que o do grande agricultor, que pode assim fazer uma utilização menos intensiva da terra. Este fenómeno é muitas vezes reforçado pela tendência dos grandes proprietários para deterem a terra por prestígio ou como um ativo de carteira e não como um fator de produção, especialmente em países que sofrem pressões inflacionistas prolongadas.

A posição em termos de recursos (ou seja, o acesso aos factores de produção e o seu custo) dos diferentes grupos de agricultores determina a forma como os vários factores são combinados e o efeito que essas combinações têm no rendimento das terras. Em consequência das distorções de preços mencionadas e dos custos de oportunidade nulos (ou baixos) do excesso de mão de obra, os pequenos agricultores utilizam no processo de produção uma quantidade substancialmente mais elevada de dias-homem por unidade de terra agrícola do que os grandes agricultores. E, de acordo com Giovanni (1996), fazem-no de várias formas, nomeadamente

(i) uma utilização mais intensiva da mão de obra em cada atividade agrícola. Embora para cada

> Numa cultura única e com tecnologia constante, pode não haver muita margem para variação na proporção dos factores (ou seja, os factores seriam estritamente complementares), os rendimentos podem ser aumentados através de uma preparação mais intensiva da terra, de uma melhor sementeira, etc. O aumento marginal do rendimento, devido à aplicação adicional de mão de obra, está, no entanto, a diminuir rapidamente, determinando um declínio acentuado da produtividade média por trabalhador. As grandes explorações agrícolas tendem a utilizar mais capital; no entanto, a relação dominante entre a mão de obra e o equipamento mecanizado é de subestação, de modo que um aumento da mecanização tem quase invariavelmente um efeito de substituição da mão de obra, sem qualquer influência nos rendimentos, como mostra a maioria dos dados disponíveis;

(ii) cultivo de uma maior proporção das terras disponíveis nas explorações de As explorações de maior dimensão dedicam uma percentagem muito mais elevada das suas terras a pastagens, florestas, pousios ou outras utilizações, como demonstrado por uma quantidade substancial de dados empíricos. Nas explorações de muito grande dimensão, por exemplo, há grandes extensões de terra que permanecem inactivas:

(iii) uma utilização mais intensiva das terras durante o ano. Dupla ou por vezes, a tripla cultura é mais frequente nas pequenas explorações.

(iv) uma escolha de culturas de mão de obra intensiva. Por exemplo, produtos hortícolas e outras culturas,

onde o papel da mecanização continua a ser limitado.

Por último, é de notar que, na agricultura tradicional, uma parte do excesso de mão de obra no sector das pequenas explorações é, *ceteris paribus*, utilizada para trabalhos de melhoramento fundiário, como terraplanagem, canalização, reparação de armazéns e instalações, pelo que as pequenas explorações dispõem geralmente de uma melhor infraestrutura fundiária e de um rácio de investimento mais elevado (excluindo o equipamento adquirido) do que as grandes explorações. O mesmo se aplica aos factores de produção intermédios (por exemplo, estrume) que são produzidos na exploração como subproduto de outras actividades.

Em suma, na agricultura tradicional de mão de obra excedentária, sublinhou ainda que as pequenas explorações caracterizadas por uma escassez aguda de terras e de recursos financeiros podem ter, em geral (com exceção da maquinaria e dos factores de produção intermédios adquiridos), uma utilização total de recursos por unidade de terra substancialmente superior à das grandes explorações; consequentemente, espera-se que a produção por unidade de terra seja mais elevada. Por conseguinte, a pequena agricultura parece ser a mais eficiente. É provável que as mesmas conclusões sejam válidas quando se considera como indicador de eficiência a produtividade total dos factores, ou seja, o rácio entre a produção agrícola e o custo social (por exemplo, o custo de oportunidade) de todos os factores utilizados na produção. Como possível exceção, as explorações mais pequenas (em que a escala de exploração é demasiado reduzida para permitir qualquer forma de eficiência) têm provavelmente uma produtividade total dos factores sociais inferior à dos outros tipos de explorações. Estas conclusões gerais estão sujeitas a um certo número de excepções, especialmente no caso dos países ricos em terra e quando o fenómeno é analisado numa perspetiva dinâmica. Nos países ricos em terra, a mão de obra e o capital, mais do que a terra, são os factores limitantes da produção, ao passo que os factores trabalho por unidade de terra, os padrões de utilização da terra e as técnicas agrícolas não variam significativamente entre explorações de diferentes dimensões. Nestes casos, não existem, portanto, razões *a priori* para que as pequenas explorações sejam mais eficientes do que as maiores. As pequenas explorações podem também perder a superioridade que demonstraram ter quando, devido à sua debilidade financeira, não podem beneficiar da introdução de novas tecnologias de produção com utilização intensiva de factores de produção, que, por outro lado, estão disponíveis e são acessíveis aos médios e grandes agricultores. A menos que o crédito e os serviços de extensão sejam disponibilizados a todas as classes de agricultores (o que raramente acontece), a inovação tecnológica tende a favorecer, em termos de avanços na produção, as médias e grandes explorações.

2.6 Degradação das terras e produtividade

A terra é a base da produção alimentar, do fornecimento de abrigo e de serviços públicos, do fabrico de bens e da instituição de apoio às necessidades administrativas básicas das comunidades modernas (Fabiyi, 1990).

A degradação dos solos refere-se a alterações negativas no potencial de produtividade dos recursos terrestres, em grande parte resultantes do impacto do homem. Os recursos terrestres não são estáticos; podem ser alterados pela ação humana, tanto no sentido positivo como no negativo. O teor de matéria orgânica do solo e a biomassa das pastagens podem ser melhorados ou degradados pela ação humana (Young et.al., 1998). A ação do homem degrada negativamente a terra. Além disso, Kassaa (1970), Thompson (1970), Harrison (1987) consideram que o deserto está a invadir as terras marginais para sul devido à influência humana. Watcher (1992) sugere dois grandes tipos de degradação da terra.

(i) Sobre-exploração dos recursos terrestres através do sobrepastoreio, da utilização excessiva de fertilizantes, da erosão do solo, da acidificação e salinização do solo, da sobrecarga de nutrientes do solo e da perda de terras agrícolas para outras utilizações.

(ii) Subinvestimento nas terras, que inclui a degradação das componentes existentes das terras que não são mantidas (tais como obras de irrigação, socalcos ou alamedas de árvores), bem como melhorias nas terras que não são efectuadas devido à falta de incentivos ao investimento.

A degradação dos solos continuará a ser uma questão global importante no século XXI, devido ao seu impacto negativo na produtividade agronómica e no ambiente, bem como ao seu efeito na segurança alimentar e na qualidade de vida. O Banco Mundial calcula que, nos próximos quarenta (40) anos, a população mundial aumentará para nove mil milhões de pessoas e as necessidades alimentares quase duplicarão a nível mundial. Nos países em desenvolvimento, será mais do que o dobro (Banco Mundial, 1992b).

A alteração do potencial de produtividade das terras agrícolas pode resultar num baixo rendimento que não satisfará o aumento da população; pode reduzir o produto interno bruto de um país, e também concluiu que o sector agrícola é o maior empregador na maioria dos países em desenvolvimento e pode depender da agricultura como principal fonte de rendimento nacional. A baixa produtividade agrícola obriga à importação de alimentos e matérias-primas para manter o abastecimento, o que pode ser desfavorável para a economia.

2.7 Esforços anteriores de controlo da degradação dos solos

A maior parte das investigações realizadas (Fitsum et al., 1999) sobre a degradação da terra, com poucas excepções, centraram-se nos aspectos biofísicos dos problemas, especialmente a erosão do solo. Na análise da degradação da terra, planeamento e conceção de programas de redução da desertificação, os peritos têm frequentemente utilizado uma série de técnicas matemáticas sofisticadas (FAO, 1979; Stocking, 1987; Lal, 1988; ICASLAS, 1998), subestimando ou negligenciando grosseiramente a opinião local, as percepções e os factores socioeconómicos. Como resultado da profunda negligência da opinião local, das percepções e das estratégias de adaptação e da incapacidade de obter o apoio local na planificação e execução dos projectos, muitos projectos agrícolas em zonas áridas e semi-áridas têm sido dispendiosos e ineficazes (Ellis, 1987). Vários observadores, nomeadamente Norman et al. (1979), sublinharam a riqueza das percepções locais e a necessidade de as ter em conta em qualquer planeamento de desenvolvimento.

2.8 As causas da degradação dos solos

As causas da degradação da terra variam de lugar para lugar e dependem muito das condições ambientais da área. Devido à grande variação na topografia e nas altitudes, existem diferentes nichos agro-ecológicos ou microclimas a curtas distâncias (Amare, 1996). O problema provável de degradação da terra na zona da floresta tropical pode ser a erosão do solo, enquanto que na zona árida ou semi-árida, pode ser a depleção do solo e a perda de humidade do solo.

As causas diretas da degradação das terras são evidentes e geralmente aceites. De acordo com Fitsum (1999), estas incluem a produção em solos de declive acentuado e frágeis, com investimento inadequado na conservação do solo ou na cobertura vegetal, padrões de precipitação erráticos e erosivos, utilização decrescente do pousio, aplicação limitada de recursos externos de nutrientes para as plantas, desflorestação e sobrepastoreio. Subjacentes a estas causas principais estão muitos factores, que podem ser socioeconómicos, institucionais e políticos. São eles a insegurança da posse da terra, a pressão demográfica, a pobreza, a fragilidade do ecossistema, a tecnologia inadequada e os factores socioculturais factores (Ondiege, 1996). Os factores que afectam estes factores são as políticas governamentais relacionadas com o desenvolvimento das infra-estruturas, o desenvolvimento do mercado, o fornecimento de factores de produção e de crédito, a investigação e a extensão agrícolas (Fitsum et al., 1999).

2.9 Produtividade e efeito da degradação das terras

Olayide et al., (1982) definem a produtividade agrícola como o índice da relação entre os valores da produção agrícola total e o valor do total dos factores de produção utilizados na produção agrícola, e vão mais longe, identificando os principais objectivos de qualquer sociedade como a obtenção de um nível de vida otimamente elevado com um determinado esforço, uma vez que qualquer aumento da produtividade dos recursos utilizados na produção agrícola equivale a progresso.

A posse da terra define o método pelo qual os indivíduos ou grupos adquirem, detêm, transferem ou transmitem o direito de propriedade sobre a terra. Os detentores de direitos fundiários têm um certo estatuto social em relação aos recursos naturais, em comparação com os que não têm direitos terminais sobre esses recursos (Lynch e Alcorn, 1994). O direito pode ser transferido ou transmitido em conjunto ou individualmente, à discrição do titular, com ou sem limitações, consoante o sistema de posse (Lynch e Alcorn, 1994).

Ogolla (1996) observou que a posse da terra é um sistema dinâmico, que responde às mudanças sociais. Em África, há muitos casos em que o sistema de direitos garantidos de acesso e de senhorio por parte de entidades políticas se desmoronou lentamente, em resposta ao aparecimento da modernização, de Estados centralizados, da pressão da população sobre terras aráveis limitadas e do desenvolvimento de novos padrões de utilização da terra. Feder et al., (1998) concluíram que, quanto maior for o risco de perder o direito, menor será a probabilidade de conservar a capacidade produtiva da terra. Nos debates académicos sobre a forma como o sistema de posse da terra afecta a gestão dos recursos, os direitos de propriedade privada têm sido frequentemente justapostos à chamada "posse comunal" ou ao sistema baseado na sobreposição e não em direitos de propriedade exclusivos (Ogolla, 1996). Hardin, escrevendo em 1968, baseando a sua análise no pastoreio comunal, caracterizou a utilização dos recursos em tais situações como a "tragédia do comum". Uma vez que todas as perdas ambientais resultantes da utilização dos recursos são partilhadas, e não suportadas por um único pastor, Hardin argumentou que os pastores racionais seriam tentados a aumentar os seus rebanhos para além da capacidade de carga dos bens comuns. A pressão demográfica aguda é suscetível de conduzir a uma exploração excessiva das terras agrícolas produtivas existentes e à adaptação do sistema agrícola às novas condições (Tiffen et al., 1994).

Um outro problema populacional identificado por Ondiege é o sobrepastoreio devido aos níveis de encabeçamento. O crescimento da população aumenta a procura de terras e contribui para a agricultura em solos íngremes e frágeis, conduzindo também a problemas de erosão dos solos. Fitsum et al., 1999; Pender, 1998; Tiffen et al., (1994) concluíram que nem todos os efeitos da pressão populacional são necessariamente negativos, no entanto, ao aumentar o valor da terra em relação à mão de obra, o crescimento populacional pode induzir os agricultores a fazer investimentos intensivos em mão de obra para melhorar a terra e a gestão do solo, tais como a construção de terraços, a composição ou a cobertura vegetal. A pobreza tende a aumentar a perspetiva de curto prazo dos agricultores, limitando o seu investimento em medidas de conservação do solo e da água que só produzem benefícios a longo prazo (Holden et al., 1998; Pender, 1996). Mesmo que os agricultores tenham a perceção exacta de que a degradação dos solos é um problema, podem não ser induzidos a agir para o inverter. Podem atribuir o problema a causas naturais ou divinas fora do seu controlo, por outro lado, podem compreender que o problema é afetado pela sua ação, mas a falta de educação e de acesso à informação tecnológica pode reduzir o seu esforço para resolver esse problema.

CAPÍTULO 3

3. 0 METODOLOGIA

3.1 A área de estudo

O estudo foi efectuado na zona agrícola de Ogbomoso, no Estado de Oyo; Ogbomoso é constituído por cinco governos locais, nomeadamente: Ogbomoso Norte, Ogbomoso Sul, Orire, Ogo oluwa e Surulere, respetivamente. Assim, cada governo local é composto por diferentes aldeias e cidades, que são ligeiramente urbanas e algumas são de natureza rural. Este estudo concentrou-se nas zonas rurais das autarquias locais: Ogbomoso South, Orire, Ogo oluwa e Surulere L.G.A., respetivamente, onde se encontrava a maioria dos produtores de milho.

Ogbomoso está localizado aproximadamente na intersecção da latitude 8^0 08'North e da longitude 4^0 15 'East. Fica a cerca de 105 km a nordeste de Ibadan (capital do Estado), 58 km a noroeste de Osogbo, 53 km a sudoeste de Ilorin e 57 km a nordeste da cidade de Oyo. A população era de aproximadamente 645.000 habitantes no censo de 1991 e, em março de 2005, estima-se que seja de cerca de 1.200.000 (milhões) numa área de 3542.82 quilómetros quadrados, com cerca de 60 por cento dos habitantes a serem funcionários públicos e a dedicarem-se à agricultura (tanto de culturas como de produção animal), Ogbomoso é considerada uma zona de vegetação de savana derivada e uma zona de floresta tropical de terras baixas, e é bem conhecida pela produção de culturas como o inhame, o milho, o feijão-frade, a mandioca, o okro, a pimenta e os legumes. Nestas zonas, há um número substancial de criadores de gado Fulani que competem com os agricultores.

3.2 Processo de amostragem

Os agricultores de milho são os inquiridos para este estudo; foram selecionados cento e cinquenta agricultores das quatro zonas rurais do governo local, nomeadamente Ogbomoso South, Orire, Ogo oluwa e Surulere, respetivamente, mas apenas cento e vinte foram utilizados para o estudo

A técnica de amostragem utilizada é uma técnica de amostragem aleatória estratificada em várias fases. A primeira fase envolveu a seleção intencional das zonas rurais da administração local, tais como Ogbomoso South, Orire, Ogo oluwa e Surulere, respetivamente. A segunda fase envolveu uma amostragem aleatória simples. Através da seleção aleatória de trinta produtores de milho em cada área da administração local da cidade/aldeias.

3.3 Instrumento de investigação

O questionário e o programa de entrevistas foram os instrumentos de investigação utilizados neste estudo para recolher informações junto dos agricultores. O programa de entrevistas foi administrado oralmente através da interpretação do conteúdo do inglês para a língua ioruba (a língua local), que os agricultores compreenderam, e as respostas foram registadas. O método de teste-reteste foi utilizado para determinar a consistência do instrumento de investigação, tendo o instrumento sido aplicado três vezes com um intervalo de uma semana. O instrumento foi avaliado de forma crítica pelo supervisor e pelo co-supervisor e os seus comentários, críticas e sugestões foram utilizados para eliminar itens inadequados e desnecessários.

3.4 Recolha de dados

O programa de entrevistas revisto foi administrado aos agricultores; as respostas foram registadas de acordo com as perguntas. Além disso, as observações e informações adicionais dadas pelos agricultores que não estavam abrangidas pelo programa de entrevistas também foram registadas e todos os dados foram recolhidos pessoalmente pelo investigador com um questionário bem estruturado.

3.5 Análise de dados

Os dados obtidos no terreno foram objeto de análise utilizando estatísticas descritivas e inferenciais, tais como a distribuição de frequências, a percentagem e as médias para determinar as caraterísticas demográficas.

A estatística inferencial foi usada para testar a hipótese. O modelo de produção de fronteira estocástica foi utilizado para determinar a relação entre a variável dependente (produção de milho) e as variáveis independentes, bem como para determinar a eficiência técnica nas operações dos agricultores em cada um dos Governos Locais e na zona (Zona Agrícola de Ogbomoso).

Modelo

$Y = f(x_i, x_2 \ldots\ldots\ldots\ldots X_n)$

Y = Produção, valor do milho total produzido (kg)

X_i = dimensão da exploração (hectares)

X_2 = Mão de obra familiar (homem-dia)

X_3 = Mão de obra contratada (homem-dia)

X4 = Sementes (kg)

X5 = Fertilizante (kg)

Onde

Z1 = nível de educação

Z_2 = Anos de atividade agrícola

Z_3 = Dimensão da família

Z_4 = Direito fundiário

O modelo de produção de fronteira estocástica

Função linear

$$Y = b_0 + b_1X_1 + b_2 X_2 + b_3X_3 + b_4X_4 + b_5X_5 + \mu + v$$

Função de fronteira de produção Cobb-Douglas

$$LnY_i = Ln\ A + \sum_{I=1}^{5} \beta_i\ Ln\ X_i + V - U$$

$$lnY = b_0 + b_1 lnX_1 + b_2 lnX_2 + b_3 lnX_3 + b_4 lnX_4 + b_5 ln\ X_5 + \mu + v$$

Modelo de ineficiência

$$U_i = \delta_0 + \sum \delta_i Z_i$$

$$U_i = \delta_0 + \delta_1 Z_{1i} + \delta_2 Z_{2i} + \delta_3 Z_{3i} + \delta_4 Z_{4i}$$

Quando Y = variável dependente, Xs = variáveis independentes
|.i e v = termo de erro, b_1's = estimativas paramétricas e b_0 's =
o termo de interceção
A e Bi = parâmetros a estimar (i = 1, 2... 5)
X_i = o vetor de (transformações do) i-ésimo fator de produção utilizado pela j-ésima exploração

β = é um vetor de parâmetros desconhecidos e
V = variáveis aleatórias
U = variáveis aleatórias não negativas que se pressupõe representarem a ineficiência técnica na produção.
S_0 e Si = parâmetros a estimar (i = 1, ... 24) juntamente com os parâmetro de variância.

$$\sigma^2_s = \sigma^2 + \sigma^2_v$$

$$\sigma^2 = \sigma^2_v + \sigma^2_u$$

$$\lambda = \sigma_u / \sigma_v$$

$\gamma = \sigma^2_u / \sigma^2_v$ mede o efeito da variação da eficiência técnica da produção observada.

Y > 1 indica que o erro unilateral domina o erro de simetria, indicando um bom ajuste e a correção da distribuição e do pressuposto especificados.

Partindo do pressuposto de que V_i e U_i são independentes e normalmente distribuídos, os parâmetros p, o $o^2{}_u{}^2$ v, o^2 , Y e ^ foram estimados pelo método da Máxima Verosimilhança (MLE), utilizando o computador FRONTIER Versão 4.1 (Coelli, 1996) que também calculou as estimativas da Eficiência Técnica.

CAPÍTULO 4

4.1 RESULTADOS E DISCUSSÃO

Este capítulo apresenta os dados recolhidos para o estudo. Discute também os resultados do estudo.

4.2 Caraterísticas sócio-económicas dos inquiridos

Um dos objectivos do estudo é identificar as caraterísticas socioeconómicas dos inquiridos neste estudo. Estas incluem a nacionalidade, o sexo, a idade, o estado civil, a função de chefia, os anos de atividade agrícola, o nível de instrução, a dimensão da família, o rendimento extra-agrícola, a dimensão da terra, os direitos sobre a terra, a origem da terra, o acesso ao crédito, o montante total dos créditos e a origem do crédito.

4.2.1 Natividade dos inquiridos

O quadro 1 mostra que a maioria (79,2%) dos produtores de milho são nativos da região, enquanto 20,8% dos produtores são não-nativos. Isto implica que a maioria dos produtores de milho tem direito à terra por herança, pelo que os agricultores podem praticar actividades agrícolas a longo prazo.

Quadro 1 Distribuição dos inquiridos de acordo com a sua nacionalidade

Natividade	Número	Percentagem
Nativo Não nativo	95 25	79.2 20.8
Total	120	100.0

Fonte: - Inquérito de campo, 2006

4.2.2 Sexo dos inquiridos

O quadro 2 indica que todos os produtores de milho na área de estudo eram do sexo masculino. Isto implica que a cultura do milho é uma atividade dominada pelos homens. As mulheres estão envolvidas no processamento agrícola e isto está de acordo com a crença cultural de que o homem possui ou herdou a terra na área de estudo.

Quadro 2 Distribuição dos inquiridos de acordo com o seu género

Género	Número	Percentagem
Masculino Feminino	120	100.0
Total	120	100.0

Fonte: - Inquérito de campo 2006

4.2.3 Idade dos inquiridos

O quadro 3 mostra que 24,2% dos agricultores tinham entre quarenta e quarenta e nove anos e 3,3% tinham entre setenta e setenta e nove anos, enquanto a idade média era de 47,8 anos. Isto implica que uma maior percentagem de agricultores se encontra no seu grupo etário ativo e pode ser produtiva na zona de estudo.

Quadro 3: Distribuição dos inquiridos de acordo com a sua idade

Idade	Número	Percentagem
20-29	22	18.3
30-39	30	25.0
40-49	29	24.2
50-59	17	14.2
60-69	18	15.0
70-79	4	3.3
Total	120	100.0

Fonte: Inquérito de campo, 2006

4.2.4 : Estado civil dos inquiridos

O quadro 4 indica que mais de três quartos (83,3%) dos agricultores são casados, enquanto 16,7% são solteiros. Isto implica que a maioria dos agricultores é casada e que o consumo familiar pode ser elevado. Isto reduzirá a percentagem de produtos para venda; além disso, haverá mais mão de obra familiar disponível para as actividades de cultivo do milho.

Além disso, este facto está de acordo com Jibowo (1992), segundo o qual a grande maioria da população adulta de qualquer sociedade é constituída por pessoas casadas.

Quadro 4 Distribuição dos inquiridos de acordo com o seu estado civil

Estado civil	Número	Percentagem
Casado	100	83.3
Individual	20	16.7
Total	120	100.0

Fonte: - Inquérito de campo, 2006

4.2.5 Papel de liderança dos inquiridos

O quadro 5 mostra que a maioria (79,2%) dos agricultores não possui qualquer posição de liderança, enquanto 20,8% têm posições de liderança entre os agricultores, tais como (Baale, olori agbe, presidente, secretário, etc.). Isto implica que um pequeno número de líderes pode influenciar outros agricultores nas decisões de gestão das terras.

Quadro 5: Distribuição dos inquiridos de acordo com a sua posição de liderança

Papel de liderança	Número	Percentagem
Com papel de liderança	25	20.8

Sem papel de liderança	95	79.2
Total	120	100.0

Fonte: - Inquérito de campo, 2006

4.2.6 Anos de experiência agrícola dos inquiridos

O quadro 6 mostra que 30% dos agricultores têm uma experiência de cultivo de milho entre onze e vinte anos, enquanto 4,2% têm uma experiência de cultivo de milho entre cinquenta e um e sessenta anos. A média de anos de cultivo de milho é de 19,3. Assim, a maioria dos inquiridos tinha anos substanciais de experiência na cultura do milho, o que ajuda os agricultores a tomar boas decisões no processo de produção.

Tabela 6: Distribuição dos inquiridos de acordo com os seus anos de atividade agrícola

Anos de atividade agrícola	Número	Percentagem
<5	13	10.8
5 - 10	24	20.0
11 - 20	36	30.0
21 - 30	9	7.5
31 - 40	17	14.2
41 - 50	16	13.3
51 - 60	5	4.2
Total	120	100.0

Média = 19,3,

Fonte: - Inquérito de campo, 2006

4.2.7 Nível de educação dos inquiridos

O quadro 7 revela que mais de metade (54,2%) dos agricultores têm formação académica, enquanto 29,2% não têm formação académica. 16,6% têm educação de adultos. Isto implica que metade dos agricultores pode ter acesso a informação associada à utilização dos recursos e à gestão das explorações.

Quadro 7: Distribuição dos inquiridos de acordo com o seu nível de educação

Nível de educação	Número	Percentagem

Educação de adultos	20	16.6
Educado	65	54.2
Sem instrução	35	29.2
Total	120	100.0

Fonte: - Inquérito de campo, 2006.

4.2.8 Dimensão da família dos inquiridos

A Tabela 8 mostra que 40,2% dos agricultores tinham famílias com tamanho entre quatro e seis pessoas, enquanto 15 , 8% tinham famílias com tamanho entre sete e nove pessoas . A implicação deste facto é que a maioria dos inquiridos tem uma família numerosa. Este facto pode, no entanto, ser utilizado como mão de obra familiar.

Quadro 8: Distribuição dos inquiridos de acordo com a dimensão da sua família.

Tamanho da família	Número	Percentagem
1 -3	31	25.8
4 - 6	48	40.2
7 - 9	19	15.8
10 - 13	22	18.2
Total	120	100.0

Fonte: Inquérito de campo, 2006

4.2.9 Emprego dos inquiridos fora da exploração

O quadro 9 indica que metade (50%) dos agricultores se dedicam ao fabrico de carvão vegetal, enquanto 16,7% se dedicam à recolha de lenha e 12,5% não têm qualquer atividade fora da exploração agrícola. Isto sugere que o emprego fora da exploração agrícola, como a recolha de lenha e o fabrico de carvão vegetal, pode contribuir para a baixa produção.

Quadro 9: Distribuição dos inquiridos de acordo com o seu emprego fora da exploração agrícola

Tipo de atividade profissional	Número	Percentagem
Recolha de lenha	20	16.7

Carvão vegetal	60	50.0
Nenhum	15	12.5
Outros	25	20.8
Total	120	100.0

Fonte: Inquérito de campo, 2006

4.2.10 Rendimento extra-agrícola dos inquiridos

A Tabela 10 sugere que mais de metade (57,1%) dos inquiridos ganha entre N5001,00 e N10.000,00 como rendimento de trabalho não agrícola, enquanto 3,8% ganha acima de N20.000,00 como rendimento de trabalho não agrícola. O rendimento médio das actividades não agrícolas era de N10.124,00.

Quadro 10: Distribuição do rendimento do inquirido proveniente de emprego fora da exploração agrícola.

Rendimento	Número	Percentagem
1000 - 5000	15	14.3
5001 - 10000	60	57.1
10001 - 15000	20	19.1
15001 - 20000	6	5.7
>20000	4	3.8
Total	105	100.0

Média = 10124,

Fonte: - Inquérito de campo, 2006

4.2.11 Trabalho familiar dos inquiridos

O quadro 11 indica que 43,3% dos agricultores utilizaram menos de 500 dias-homem de mão de obra familiar, enquanto 1,7% utilizaram mais de 2000 dias-homem de mão de obra familiar. Isto implica que a maioria dos agricultores não utiliza mão de obra familiar em grande quantidade, especialmente em actividades que requerem uma elevada intensidade de mão de obra em zonas com elevados custos de contratação de mão de obra.

Quadro 11: Distribuição dos inquiridos de acordo com a mão de obra familiar utilizada em dias-homem.

Trabalho familiar (dias-homem)	Número	Percentagem
1 - 500	52	43.3
501 - 1000	41	34.2
1001 - 1500	15	12.5

1501 - 2000	10	8.3
2001 - 2500	2	1.7
Total	120	100.0

Fonte: Inquérito de campo, 2006

4.2.12 Mão de obra contratada dos inquiridos

O quadro 12 mostra que 34,2% dos agricultores contrataram mão de obra entre 3001 e 4000 dias-homem, enquanto 12,5% dos agricultores não contrataram mão de obra. A média de dias-homem de mão de obra contratada é de 4523. Isto implica que um pequeno número de mão de obra (homens-dias) estará disponível para as actividades agrícolas.

Tabela 12: Distribuição dos inquiridos de acordo com a mão de obra contratada.

Mão de obra contratada	Número	Percentagem
2001- 3000	18	15.0
3001 - 4000	41	34.2
4001 - 5000	22	18.3
>5000	24	20.0
Nenhum	15	12.5
Total	120	100.0

Média = 4523:

Fonte: Inquérito de campo, 2006

4.2.13 Dimensão do terreno dos inquiridos

O quadro 13 indica que 37,5% dos agricultores tinham terras entre cinco e oito hectares. Apenas 9,1% tinham entre dezassete e vinte hectares. Pode deduzir-se que a maioria dos agricultores tem acesso através de herança, porque 95% (Quadro 1) são naturais da área de estudo. A grande dimensão da terra permite aos agricultores expandir as suas terras para a produção. De acordo com Upton (1972), a dimensão da exploração agrícola pode ser descrita como pequena, média e grande se tiver menos de 5 hectares, 5 a 10 hectares e 10 hectares ou mais, respetivamente. A dimensão média das explorações agrícolas dos produtores de milho é de 8,2 hectares. Isto implica que um agricultor médio na área de estudo é um produtor de milho de média escala.

Quadro 13: Distribuição dos inquiridos de acordo com a dimensão das suas terras

Dimensão do terreno (hectares)	Número	Percentagem
1 - 4	30	25.0
5 - 8	45	37.5
9 - 12	20	16.7
13 - 16	15	11.7
17 - 20	10	9.1
Total	120	100.0

Fonte: Inquérito de campo, 2006

4.2.14 Direitos fundiários dos inquiridos

O quadro 14 mostra que a maioria (75,8%) dos agricultores tem direito à terra, enquanto 24,2% não têm esse direito. Isto implica que os agricultores com direitos sobre a terra podem iniciar actividades agrícolas a longo prazo e programas de melhoramento da terra.

Quadro 14: Distribuição dos inquiridos de acordo com o seu direito à terra.

Direito fundiário	Número	Percentagem
Ter direito à terra	91	75.8
Sem direito à terra	29	24.2
Total	120	100.0

Fonte: Inquérito de campo, 2006

4.2.15 Origem das terras dos inquiridos

A Tabela 15 revela que a maioria (75%) teve acesso à terra por herança, enquanto 16,7% arrendaram a terra. A terra foi penhorada para 8,3% dos agricultores. Isto implica que os agricultores que têm direito à terra a possuem por herança.

Quadro 15: Distribuição dos inquiridos de acordo com a sua fonte de terra

Origem das terras	Número	Percentagem

Herdado	90	75.0
Aluguer	20	16.7
Compromisso	10	8.3
Total	120	100.0

Fonte: Inquérito de campo, 2006

4.2.16 Acesso ao crédito dos inquiridos

O quadro 16 mostra que mais de metade (58,3%) dos agricultores têm acesso a facilidades de crédito, enquanto 41,7% não têm acesso a facilidades de crédito. Isto mostra que, com acesso a melhores facilidades de crédito, a produtividade da terra poderia ser melhorada, porque o acesso ao crédito permitirá aos agricultores adquirir melhor equipamento.

Quadro 16: Distribuição dos inquiridos de acordo com o seu acesso ao crédito

Acesso ao crédito	Número	Percentagem
Ter acesso	70	58.3
Sem acesso	50	41.7
Total	120	100.0

Fonte: Inquérito de campo, 2006.

4.2.17 Montante do crédito dos inquiridos

A Tabela 17 indica que 40,0% dos agricultores tinham acesso a crédito entre N10, 001 e N15, 000, enquanto 4,3% tinham acesso a crédito entre N25, 001 e N30, 000. A implicação deste facto é que o pequeno montante de crédito (com uma média de N16.671) pode não ser suficiente para a exploração do milho.

Quadro 17: Distribuição dos inquiridos de acordo com o montante de crédito disponível

Montante (N)	Número	Percentagem
5001 - 10000	10	14.3
10001 - 15000	28	40.0
15001 - 20000	20	28.6
20001 - 25000	9	12.8
25001 - 30000	3	4.3
Total	70	100.0

Média = 16671;

Fonte: Inquérito arquivado, 2006

4.2.18 Fonte de crédito dos inquiridos

A Tabela 18 mostra que mais de metade (57,1%) dos agricultores com acesso a crédito, teve acesso através de amigos, enquanto 7,1% foi através de agências governamentais. Isto implica que pouco dinheiro pode ser obtido através de amigos, pelo que pode não ter efeito sobre o nível de recursos utilizados. As agências governamentais têm a capacidade de dar grandes quantidades de crédito a longo prazo do que os amigos ou indivíduos que darão pequenas quantidades e por um curto período de tempo.

Quadro 18: Distribuição dos inquiridos de acordo com a sua fonte de crédito

Fonte	Número	Percentagem
Agências governamentais	5	7.1
Eesu (Contribuições)	15	21.4
Amigos	40	57.1
Emprestadores de dinheiro	10	14.3
Total	70	100.0

Fonte: Inquérito de campo, 2006

4.2.19 Produção por hectare (2004 - 2006)

O quadro 19 mostra que mais de metade (59,2%) dos agricultores produziu entre 600 e 1000 kg de milho por hectare, enquanto 25,0% dos agricultores produziram mais de 1100 kg de milho por hectare. Apenas 15,8% dos agricultores produziram entre 100 e 500 kg por hectare. Isto implica que o potencial de produção dos agricultores é razoável, tendo em conta a baixa percentagem (15,8%) de produção entre 100 e 500 kg por hectare. Também em 2005 foi revelado que 52,5% dos agricultores produziram entre 600 e 1000 Kg de milho por hectare, uma redução da produção do ano inicial (2004), enquanto 20,8% produziram mais de 1.100 Kg por hectare, também uma redução da produção do ano inicial (2004). Mas houve um aumento na produção de 100 a 500 kg por hectare de 15,8% para 26,7%. Isto indica que existe uma variação no nível de produção dos produtores de milho. E em 2006, foi revelado que 58,3% dos agricultores produziram entre 600 e 1000 kg de milho por hectare, enquanto 9,2% produziram mais de 1100 kg. Registou-se um aumento da produção entre 100 e 500 kg de 26,7% para 32,5%. Isto implica que o potencial de produção dos agricultores está a diminuir. Embora a produção entre 600 e 1000 kg tenha aumentado, houve uma redução nos três anos consecutivos, o que pode ser devido à natureza limitante do nível de insumos.

Quadro 19: Distribuição dos inquiridos de acordo com a sua produção (2004 - 2006)

Produção de milho Por hectare (kg)	2004		2005		2006	
	Número	Percentagem	Número	Percentagem	Número	Percentagem
100 - 500 kg	19	15.8	32	26.7	39	32.5
600 - 1000 kg	71	59.2	63	52.5	70	58.3
1.100 kg e mais	30	25.0	25	20.8	11	9.2
Total	120	100	120	100	120	100

Fonte: Inquérito de campo, 2006.

4.2.20 Estimativas da função de fronteira estocástica

Estimativa da função de produção

A função de produção Cobb Douglass foi adoptada para este resultado em comparação com a forma funcional de Mínimos Quadrados Ordinários (MQO), devido ao maior número de variáveis significativas e também porque tem em conta tanto os rendimentos crescentes como os rendimentos decrescentes à escala, ao contrário da forma funcional linear que considera apenas os rendimentos constantes à escala, que raramente existem nas actividades de produção agrícola.

Os parâmetros e os resultados dos testes estatísticos conexos obtidos a partir da análise da função de produção de fronteira estocástica são apresentados no quadro 20. Existe uma relação positiva e significativa entre a dimensão da exploração agrícola e a produção de milho em todas as autarquias locais e nos dados agrupados. A terra é, portanto, um fator significativo associado às mudanças na produção nestas áreas governamentais locais. A mão de obra familiar e a mão de obra contratada são factores insignificantes que influenciam as mudanças na produção de milho na área de estudo; no entanto, é negativa e significativa na LGA sul de Ogbomoso. Isto implica que quanto mais mão de obra contratada for empregue, a produção de milho sofrerá uma redução de 0,149 devido a um aumento de 1 unidade na mão de obra contratada.

O coeficiente das sementes é positivo e estatisticamente significativo em todas as áreas dos governos locais e nos dados agrupados. Isto implica que as sementes são um fator positivo que influencia a produção de milho na área de estudo. Por outras palavras, quanto maior for a qualidade das sementes utilizadas em quilogramas, maior será a produção de milho.

Fontes de ineficiência

As fontes de ineficiência foram examinadas utilizando os coeficientes estimados (ô) associados aos efeitos de ineficiência no quadro 20, os efeitos de ineficiência são especificados como os relacionados com a educação, a experiência, a dimensão da família e o direito à terra. O coeficiente estimado da educação está corretamente assinado nas zonas administrativas de Orire, Surulere, Ogo oluwa e nos dados agrupados; no entanto, só é significativo na zona administrativa de Surulere. A implicação é que os agricultores com mais anos de educação formal tendem a ser tecnicamente mais eficientes na produção de milho, presumivelmente, devido à sua maior capacidade de adquirir conhecimentos técnicos, o que os torna mais próximos da produção de fronteira.

O coeficiente estimado da experiência agrícola é positivo e estatisticamente significativo a 5% em Ogbomoso South LGA e Surulere LGA, enquanto é negativo e insignificante em Orire LGA, Ogo oluwa e nos dados agrupados (que representam a zona). O coeficiente positivo indica que os agricultores com mais anos de experiência agrícola são relativamente menos eficientes do ponto de vista técnico ou mais ineficientes na produção de milho.

O coeficiente estimado da dimensão da família é negativo e estatisticamente significativo em Ogbomoso sul, enquanto é positivo e insignificante em Orire, Surulere, Ogo oluwa LGAs e nos dados agrupados, respetivamente. Isto implica que os produtores de milho com maior dimensão familiar tendem a ser tecnicamente mais eficientes na produção de milho na área da administração local do sul de Ogbomoso. O coeficiente de direitos fundiários foi considerado insignificante em todas as zonas administrativas locais e nos dados agrupados.

Regressar à escala

O Retorno à Escala (RTS) foi de 2,773 em Ogbomoso South LGA, 0,271 em Orire LGA, 2,302 em Surulere LGA, 0,568 em Ogo oluwa LGA, e 0,587 em dados agrupados. Isto indica um retorno positivo decrescente à escala em Orire LGA, Ogo oluwa LGA, e dados agrupados, o que significa que a afetação de recursos variáveis se encontrava na fase II da superfície de produção e também um retorno positivo crescente à escala em Ogbomoso South e Surulere Local Government Area, o que implica que a produção de milho se encontrava na fase I da superfície de produção.

Isto mostra que devem ser feitos esforços para expandir o atual âmbito da produção, de modo a atualizar o seu potencial. Ou seja, devem ser utilizados mais factores de produção variáveis para obter mais resultados.

As estatísticas de diagnóstico.

O sigma quadrado estimado em Ogbomoso sul, Orire LGA, Surulere LGA, Ogo oluwa LGA e dados agrupados (0,014, 0,037, 0,017, 0,026), respetivamente, são significativamente diferentes de zero aos níveis de 1% e 10%, tal como o dos dados agrupados, que é 0,038. Isto indica que o termo de erro unilateral domina o erro de simetria, indicando um bom ajuste e a correção dos pressupostos de distribuição especificados. Por conseguinte, se y for estatisticamente diferente de zero, isso implica que a função média tradicional (OLS) não é uma representação adequada para a análise.

Os determinantes da eficiência técnica

Os factores determinantes da eficiência técnica dos produtores de milho nas zonas de estudo, tais como Ogbomoso South e Surulere LGAs, incluem a dimensão da exploração, a mão de obra contratada, as sementes, o ano de experiência no cultivo do milho e a dimensão da família. A implicação é que as variáveis têm um grande impacto na ET dos produtores de milho nas administrações locais referidas. Também os factores determinantes dos produtores de milho em Oriire LGA, Ogo oluwa LGA e no que respeita aos dados agrupados que representam toda a zona são: dimensão da exploração e sementes, o que significa que a tendência de qualquer produtor de milho para aumentar a sua produção depende da quantidade de dimensão da exploração e de sementes disponíveis na área de estudo.

Parâmetro gama (y)

O parâmetro gama estimado (y) de 0,13 em Ogbomoso sul, 0,30 em Ogo oluwa, 0,99 em Surulere, 0,40 em Orire e 0,12 para os dados agrupados indica que 13%, 30%, 99%, 40% e 12% da variação total da produção de milho se deve a ineficiências técnicas nas Áreas da Administração Local.

Quadro 20: Resultado Ols e Mle das estimativas de fronteira para as autarquias locais

VariáveisParameter		Ogbomoso Sul	Orire	Surulere	Ogo oluwa	Agrupado
Constante	β_0	1.998	1.351	-1.584	0.474	0.401
		(0.917)	(0.925)	(-1.541)	(1.049)	(0.682)
Dimensão da exploração	ß1	0.426 **	0.291	0.332**	0.301 ***	0.279 ***
		(1.936)	(1.612)	(2.433)	(4.897)	(3.731)
Trabalho familiar	ß2	-0.004	0.030	0.019	-0.046	0.018

		(-0.716)	(0.348)	(0.263)	(-1.325)	(0.467)
Mão de obra contratada	ß3	-0.135	0.006	0.096	0.004	-0.022
Sementes	ß4	(-1.213)	(0.065)	(1.117)	(0.104)	(-0.568)
		0.622 ***	0.583 ***	0.306 ***	0.202 ***	0.469 ***
Fertilizantes	ß5	(5.468)	(4.315)	(3.152)	(3.339)	(8.439)
		-0.983	-0.668	1.262 ***	0.092	-0.101
		(-0.804)	(-0.833)	(2.105)	(1.098)	(-0.305)

Variáveis	Parâmetro	Ogbomos o Sul	Orire	Surulere	Ogo oluwa	Agrupado
Constante	ß0	3.379	1.316	1.851	0.363	0.549
Dimensão da exploração	ß1	(2.442) 0.609 * (4.102)	(1.464) 0.307 ** (2.411)	(-2.167) 0.324 * (2.973)	(0.763) 0.298 * (4.946)	(0.973) 0.284 * (3.894)
Trabalho familiar	ß2	-0.023 (-0.401) -0.149 *	0.049 (0.579) 0.072	0.003 (0.050) 0.087	-0.037 (-1.109) 0.011	0.025 (0.671) - 0.022
Mão de obra contratada	ß3	(-3.013)	(0.803)	(1.305)	(1.049)	(-0.583)
Sementes	ß4	0.653 *** (7.122)	0.464 *** (3.294)	0.233 *** (2.719)	0.181 *** (2.533)	0.465 *** (8.761)
Fertilizante	ß5	1.683 (2.108)	-0.621 (-1.293)	1.655 (3.346)	0.112 (1.043)	-0.165 (-0.519)

Modelo de Ineficiência					
Nível de ensino 81	0.042	-0.091	-0.060 *	-0.013	-0.048
	(0.802)	(-0.666)	(-1.708)	(-0.350)	(-1.175)
	0.050 **	-0.069	0.009**	-0.014	-0.017
Anos de atividade agrícola 82	(2.192)	(-1.635)	(1.956)	(-0.381)	(-1.121)
				0.012	0.028
Tamanho da família83	-0.091 * (-1.769)	0.001 (0.017)	0.039 (1.464)	(0.126)	(0.891)
				-0.098	0.000
Direito de superfície84	-0.109	0.225	-0.089	(-1.033)	(0.018)
	(-1.121)	(1.296)	(-1.113)	0.568	0.587
RTS	2.773	0.271	2.302	0.026 *	0.038 *

Sigma ao quadrado a'	0.014 ***	0.037 *	0.017 ***	(1.864)	(7.376)
	(3.078)	(2.692)	(3.610)	0.30	0.12
Gama	0.13	0.40	0.56	(0.120)	(0.539)
Y	(0.330)	(0.090)	(0.424)	0.958	0.961
Meaneficiência	0.843	0.929	0.669	12.529	28.587
X	19.877	7.213	19.655		
Função LogLikelihood					

Notas: * = nível de 10%; ** = 5%; *** = 1% (os valores entre parênteses são erros padrão).

Fonte: Calculado a partir dos dados do inquérito de campo, 2006.

N.B: Se a estimativa do parâmetro Y (gamma)no parâmentro da fronteira octafásica da função de produção é bastante elevado, o que significa que os efeitos de eficiência são muito significativos na análise do valor da produção dos produtores de milho.

4.2.21 . Eficiência técnica para a zona agrícola de Ogbomoso (dados agrupados)

As eficiências técnicas individuais utilizando o modelo de fronteira estocástica estimado são apresentadas no quadro 20 e no quadro 21. As eficiências técnicas previstas diferem substancialmente entre os produtores de milho, variando entre 0,100 e 0,997, sendo a eficiência técnica média estimada em 0,961. Para dar uma melhor indicação das eficiências técnicas, é apresentada uma distribuição de frequências das eficiências técnicas na figura 2. As frequências de ocorrência de as eficiências técnicas previstas em intervalos de decil indicam que o maior número de agricultores tem eficiências técnicas de 0,9 e superiores.

Isto também indicou que existe uma distribuição mais alargada de eficiências técnicas entre os produtores de milho na área, o que revelou que existe uma margem considerável para efetuar melhorias nas eficiências técnicas dos produtores nas áreas de estudo. Por conseguinte, há margem para aumentar a produção de milho nas áreas da administração local em 3,9% com a tecnologia atual.

O quadro 21 mostra a frequência e a gama de decil da eficiência dos agricultores

Gama	Frequência Percentagem	
< 0.5	3	2.5
0.5 - 0.6	0	0.0
0.6 - 0.7	0	0.0
0.7 - 0.8	0	0.0
0.8 - 0.9	13	10.8

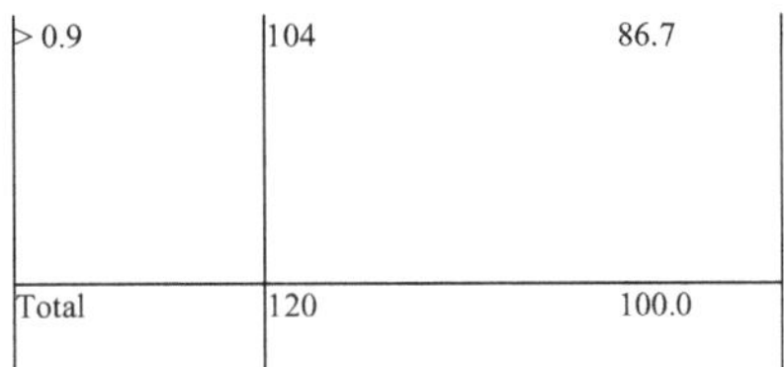

> 0.9	104	86.7
Total	120	100.0

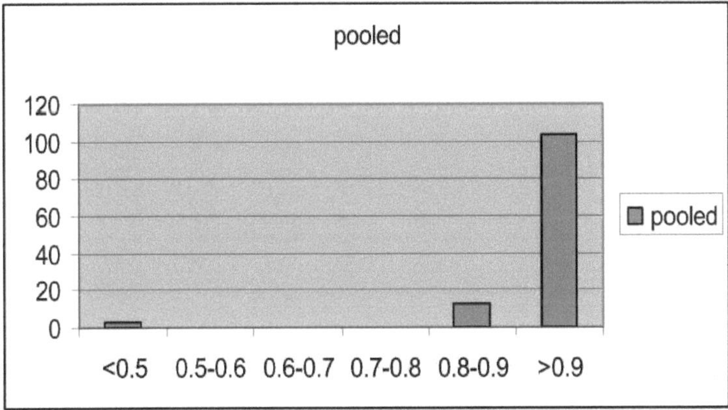

Figura 2. Gráfico que mostra o intervalo de decil dos agricultores em todas as áreas da administração local

4.2.22 . Eficiência técnica para Ogbomoso South L.G.A

No governo local, as eficiências técnicas previstas diferem substancialmente entre os produtores de milho, variando entre 0,662 e 0,995, com a eficiência técnica média estimada em 0,843. A distribuição de frequência das eficiências técnicas é apresentada no quadro 22 e na figura 3. Isto mostra que o maior número de agricultores tem eficiências técnicas de 0,9 e acima; isto também indicou que há uma distribuição mais ampla de eficiências técnicas entre os produtores de milho na área, o que revelou que há uma margem considerável para efetuar melhorias nas eficiências técnicas dos agricultores no governo local.

Por conseguinte, há margem para aumentar a produção de milho em Ogbomoso South LGA em 15,7% com a tecnologia atual.

O quadro 22 mostra a frequência e a gama de decil da eficiência dos agricultores

Gama	Frequência	Percentagem
< 0.5	0	0.0
0.5 - 0.6	0	0.0
0.6 - 0.7	5	16.7
0.7 - 0.8	6	20.0
0.8 - 0.9	9	30.0

> 0.9	10	33.3
Total	30	100.0

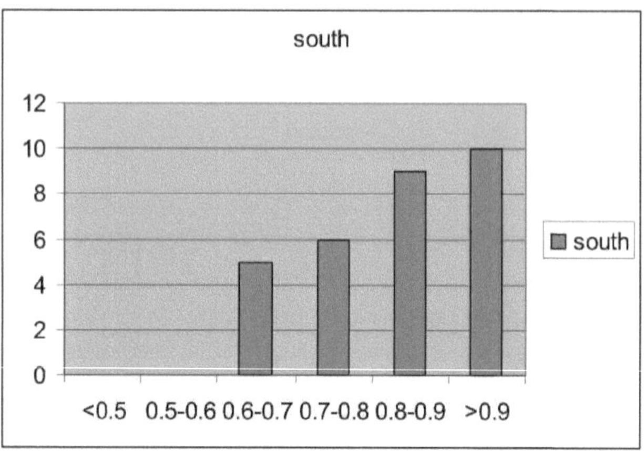

Figura 3. Gráfico que mostra o intervalo de decil dos agricultores em Ogbomoso South LGA

4.2.23 . Eficiência técnica para Orire L.G.A

A eficiência técnica nesta LGA também é apresentada na tabela 22, as eficiências técnicas previstas diferem substancialmente entre os produtores de milho, e classificam-se entre 0,668 e 0,995 com a eficiência técnica média estimada em 0,929, uma distribuição de frequência das eficiências técnicas é apresentada na tabela 23 e na figura 4. Isto mostra que o maior número de agricultores tem eficiências técnicas de 0,9 e acima; isto também indicou que há uma distribuição mais ampla de eficiências técnicas entre os produtores de milho na área, o que revelou que há uma margem considerável para efetuar melhorias nas eficiências técnicas dos agricultores no governo local.

Por conseguinte, há margem para aumentar a produção de milho em Orire LGA em 7,1 por cento com a tecnologia atual.

O quadro 23 mostra a frequência e a gama de decil da eficiência dos agricultores

Gama	Frequência Percentagem	
< 0.5	0	0.0
0.5 - 0.6	0	0.0
0.6 - 0.7	1	3.3
0.7 - 0.8	2	6.7
0.8 - 0.9	6	20.0
> 0.9	21	70.0

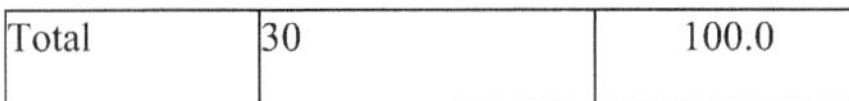

Total	30	100.0

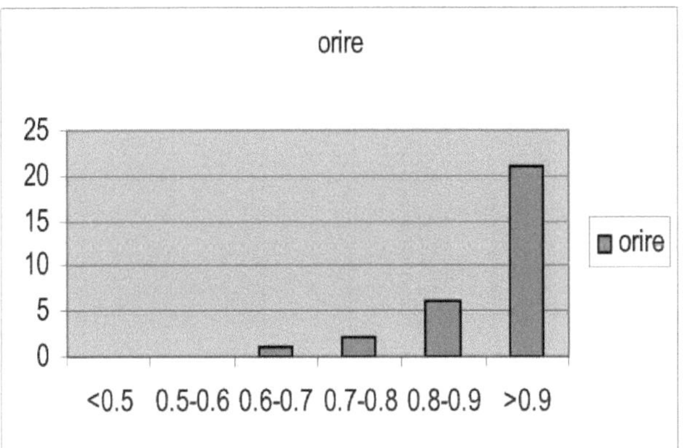

Figura 4 Gráfico que mostra a gama de decil dos agricultores em Orire LGA

4.1.24 . Eficiência técnica para Surulere L.G.A

Neste governo local, as eficiências técnicas previstas diferem substancialmente entre os produtores de milho, variando entre 0,484 e 0,895 com a eficiência técnica média estimada em 0,669, uma distribuição de frequência das eficiências técnicas é apresentada no quadro 24 e na figura 5. Isto mostra que o maior número de agricultores tem eficiências técnicas entre 0,6 e 0,7; isto também indica que há uma distribuição mais ampla de eficiências técnicas entre os produtores de milho na área, o que revela que há uma margem considerável para efetuar melhorias nas eficiências técnicas dos agricultores na administração local.

Por conseguinte, existe a possibilidade de aumentar a produção de milho em Surulere LGA em 33,1 por cento com a tecnologia atual.

O quadro 24 mostra a frequência e a gama de decil da eficiência dos agricultores

Gama	Frequência Percentagem	
< 0.5	1	3.3
0.5 - 0.6	8	26.7
0.6 - 0.7	12	40.0
0.7 - 0.8	4	13.3
0.8 - 0.9	5	16.7
> 0.9	0	0.0

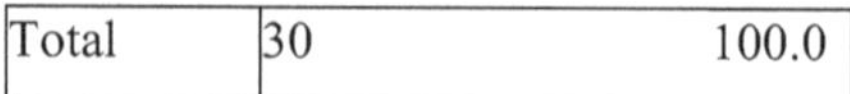

Total	30	100.0

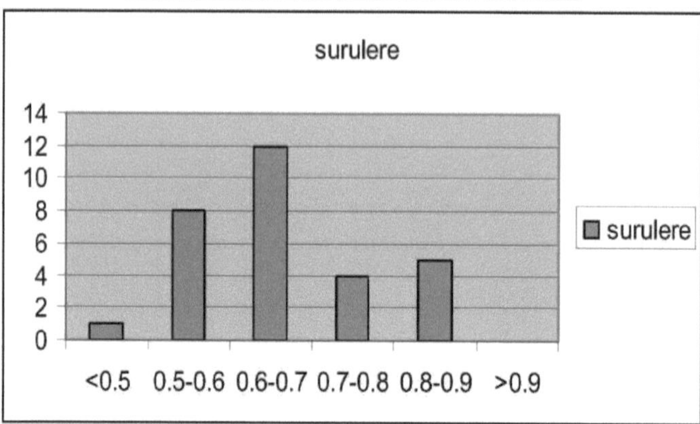

Figura 5 Gráfico que mostra a gama de decil dos agricultores em Surulere LGA

4.1.25 . Eficiência técnica para Ogo oluwa L.G.A

Neste governo local, as eficiências técnicas previstas diferem substancialmente entre os produtores de milho, variando entre 0,830 e 0,997 com a eficiência técnica média estimada em 0,958, uma distribuição de frequência das eficiências técnicas é apresentada no quadro 25 e na figura 6. Isto mostra que o maior número de agricultores tem eficiências técnicas de 0,9 e acima; isto também indicou que há uma distribuição mais ampla de eficiências técnicas entre os produtores de milho na área, o que revelou que há uma margem considerável para efetuar melhorias nas eficiências técnicas dos agricultores no governo local.

Por conseguinte, há margem para aumentar a produção de milho em Ogo oluwa LGA em 4,2% com a tecnologia atual. Em suma, é possível constatar que os produtores de milho de Ogo oluwa LGA são tecnicamente mais eficientes do que os agricultores de outras zonas governamentais locais.

O quadro 25 mostra a frequência e a gama de decil da eficiência dos agricultores

Gama	Frequência Percentagem	
< 0.5	0	0.0
0.5 - 0.6	0	0.0
0.6 - 0.7	0	0.0
0.7 - 0.8	0	0.0
0.8 - 0.9	5	16.7

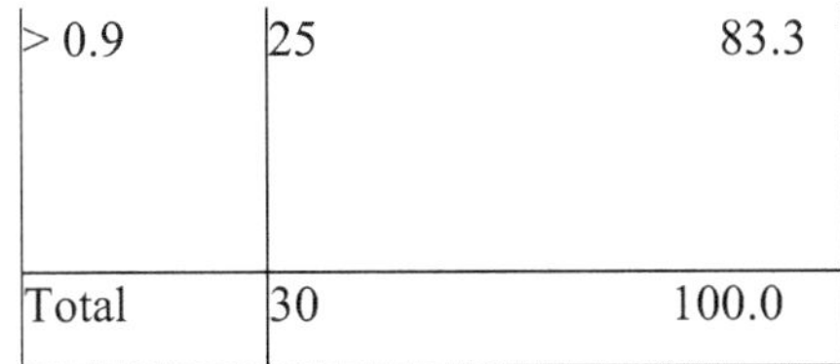

> 0.9	25	83.3
Total	30	100.0

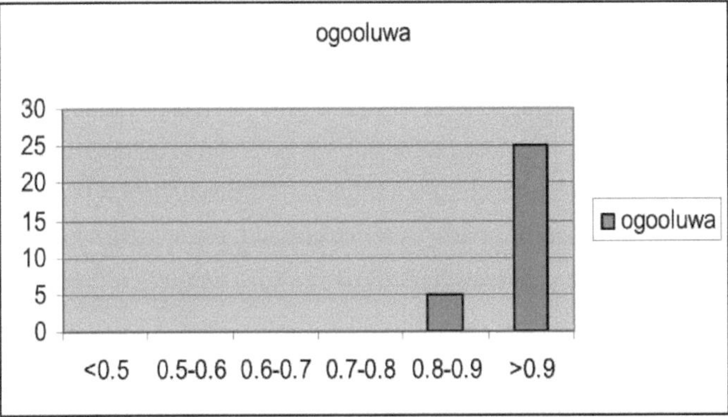

Figura 6 Gráfico que mostra a gama de decil dos agricultores em Ogo oluwa LGA

RESUMO, RECOMENDAÇÕES E CONCLUSÃO

Resumo

O estudo efectua uma análise ao nível das explorações agrícolas dos produtores de milho na zona agrícola de Ogbomoso, no Estado de Oyo, que inclui cinco áreas governamentais locais, nomeadamente Ogbomoso Norte, Ogbomoso Sul, Orire, Ogo Oluwa e Surulere, respetivamente. Foi utilizada uma técnica de amostragem em várias fases para selecionar 30 produtores de milho de cada uma das quatro administrações locais (de natureza rural), perfazendo um total de 120 produtores. Os dados primários, recolhidos através de um questionário bem estruturado, foram codificados e analisados com recurso a estatísticas descritivas e inferenciais e à análise da função de produção de fronteira estocástica.

O estudo revelou que a maioria (79,2%) dos inquiridos era nativa, 100% dos inquiridos eram do sexo masculino, 83,3% eram casados, 70,9% eram alfabetizados e mais de 60% dos inquiridos tinham pelo menos até 5 anos de experiência agrícola, tendo sido também indicado que houve uma redução no valor das colheitas produzidas ao longo dos anos entre 2004 e 2006.Os resultados da regressão revelaram que a dimensão da exploração agrícola, como variável, é estatisticamente significativa a diferentes níveis para todas as Áreas Governamentais Locais consideradas, enquanto a mão de obra contratada (-0,149) é negativa e estatisticamente significativa a um nível de 10% na LGA sul de Ogbomoso e a Semente é positiva e estatisticamente significativa em todas as áreas governamentais locais a um nível de 1%.

O parâmetro gama estimado (y) de 0,13 em Ogbomoso sul, 0,30 em Ogo oluwa, 0,56 em Surulere, 0,40 em Orire e 0,12 para os dados agrupados indica que 13%, 30%, 56%, 40% e 12% da variação total da produção de milho se deve a ineficiências técnicas nas áreas da administração local.

A eficiência técnica média (%) foi de 0,961 nos dados agrupados, 0,843 em Ogbomoso South LGA, 0,929 em Orire LGA, 0,669 em Surulere LGA e 0,958 Ogooluwa LGAs. Por conseguinte, existe a possibilidade de aumentar a produção de milho nas áreas governamentais locais em 3,9%, 15,7%, 7,1%, 33,1% e 4,2%, respetivamente, com a tecnologia atual. Em suma, pode ver-se que os produtores de milho em Ogo oluwa LGA são tecnicamente mais eficientes do que os agricultores noutras áreas da administração local, o mesmo acontecendo com os dados agrupados. O retorno à escala (RTS) foi de 2,773 em Ogbomoso South LGA, 0,271 em Orire LGA, 2.302 em Surulere LGA, 0,568 em Ogo oluwa LGA, e 0,587 em dados agrupados.

Isto indica que a afetação de recursos variáveis se encontrava na fase II da superfície de produção e indica também um aumento positivo da rendibilidade à escala nas zonas administrativas locais de Ogbomoso South e Surulere, respetivamente, o que significa que a produção de milho se encontrava na fase I da superfície de produção.

Isto mostra que devem ser feitos esforços para expandir o atual âmbito da produção, de modo a atualizar o seu potencial. Ou seja, devem ser utilizados mais factores de produção variáveis para obter mais resultados.

Recomendação

Com base nas conclusões obtidas na zona de estudo, recomenda-se o seguinte.

(i) As sociedades agrícolas devem ser incentivadas nas zonas rurais, a fim de para satisfazer as necessidades agrícolas dos pequenos agricultores e os agricultores devem organizar-se em grupos para facilitar o acesso a fontes formais de crédito para adquirir as alfaias agrícolas necessárias, sementes de qualidade, etc.

(ii) Além disso, devem ser intensificados os esforços por parte dos agentes de extensão na educação dos agricultores, de modo a aumentar a sua eficiência na produção de milho.

(iii) O governo deve fornecer eletricidade a estas zonas, uma vez que a principal fonte de energia para os meios de subsistência rurais, de modo a reduzir a desflorestação.

(iv) O método de produção de capital intensivo é sugerido devido ao o elevado custo da mão de obra na zona de estudo.

(v) A educação desempenha um papel importante nesta zona de estudo porque os agricultores com mais anos de educação formal tendem a ser tecnicamente mais eficientes na produção de milho, presumivelmente devido à sua maior capacidade de adquirir conhecimentos técnicos, o que os torna mais próximos da produção de fronteira. Assim, as ONG com vocação agrícola devem concentrar-se mais na melhoria do nível de literacia dos agricultores para melhorar a eficiência da cultura do milho.

(vi) Por uma questão de política, o Governo deve continuar a apoiar o seu crédito programa de apoio para incentivar o aumento da produção de milho.

(vii) Os resultados das melhores investigações sobre práticas agronómicas melhoradas devem ser divulgados aos agricultores pelos agentes de extensão.

(viii) Para um estudo mais aprofundado, o estudo deve ser efectuado noutras zonas agrícolas do Estado de Oyo e noutros Estados da federação.

(ix) Contribuição para o conhecimento:

a. o estudo confirmou a convicção de que o padrão de propriedade da terra, que é principalmente (75,0 %) por herança na área de estudo, as práticas agrícolas culturalmente favorecidas são dominadas pelos homens.

b. o estudo também fornece recomendações de políticas relevantes para a produção de milho na zona agrícola e no país em geral.

Conclusão

Por conseguinte, pode concluir-se que existe uma relação positiva e significativa entre a dimensão da exploração agrícola, as sementes utilizadas e a produção de milho na zona agrícola de Ogbomoso, pelo que a hipótese nula foi rejeitada e também a disponibilidade e o acesso a sementes de boa qualidade têm um impacto positivo na produção e o aumento da dimensão da produção resulta numa melhor produção.

REFERÊNCIAS

Aigner, D.J. Lovell, C.A.K. e Schmidt, P. (1977): "Formulation and Estimation of Stochastic Frontier Production Function Models". *Journal of Econometric 6(1): 21-37.*

Ajibefun, I.A; Battese, G.E. e Daramola, A.G. (2002): "Determinants of Technical Efficiency in Smallholder Food Crop Farming: Application of Stochastic Frontier Production Function". *Quarterly Journal of International Agriculture* 41 (3): 225- 240.

Ali, M. e D. Byerlee (1991): "Economic efficiency of small scale farmers in a Changing World: A survey of recent evidence" *Journal of Development Studies* 4: 1-27.

Amare Belay, (1996), "Climatic Resources, Major Agro-ecological zones and farming system in Tigray" (Recursos Climáticos, Principais Zonas Agro-ecológicas e Sistema Agrícola em Tigray) *Um documento apresentado na intervenção de extensão no workshop do programa*, Aukelle

Battese, G.E, e G.S Corra (1977): "Estimation of a production Function Model with Application to the pictorial Zone of Eastern Australia" Australia Journal of Agricultural Economics, 21: 169 - 179.

Battese, G.E. e Coelli, T.J. (1988): "Prediciton of Farm Level Technical Efficiencies a Generalized Frontier Production Function and Panel Data". *Journal of Economics, 38: 387-399.*

Battese, G.E. (1992): "Frontier Production Function and Technical Efficiency: A Survey of Empirical Applications in Agricultural Economics "Agricultural Economics 7:185-208.

Battese, G.E. e Coelli, T.J. (1995): "A model for Technical Inefficiency Effect in a Stochastic Frontier Production Function for Panel Data", *Empirical Economics, 20: 325332.*

Bravo-Ureta, B. e Laszlo Rieger. (1990): "Alternative Production Frontier Methodologies and Dairy Farm-efficiency". *Journal ofAgricultural Economics 41(2): 215-226.*

Bravo -Ureta, B e António Pinheiro, (1993). "Efficiency Analysis of Developing Country Agriculture: A Review of the Frontier Function Literature". *Agricultural Resource Economics Review, 22, 88-101.*

Coelli, T.J. (1995): "Recent Development in Frontier Modeling and Efficiency Measurement", *Australian Journal ofAgricultural Economics, 39, 219-245.*

Coelli, T. (1996): "A guide to FRONTIER version 4.1: A computer program for stochastic frontier production and cost function estimation". Centre for efficiency and productivity Analysis University of New England, Armidale Australia, 2-33.

Ellis W.S (1987), National Geography, pp. 140-172.

Fabiyi Y.L (1990), *Land policy for Nigeria: issues and perspectives.* Palestra inaugural proferida na Universidade Obafemi Awolowo, Ile Ife, em 12 de junho de 1990. 22pp.

FAO (1979), *uma metodologia provisória para a avaliação da degradação do solo*: FAO, Roma.

Farrell J.M (1957): "The Measurement of Productive Efficiency". Journal Royal Statistics Society. A, 120: 253 - 290.

Feder . G, Onchar.T, Chalamwong .Y e Hong Laderon .C (1998), Land policies and farm productivity in Thailand. Johns Hopskins University Press, Baltimore MD.

Fitsu Hagos, John Pender e Nega Gebersalassie (1999), "Land degradation in the highland of Tigray and strategies for sustainable land management", *documento de trabalho de investigação socioeconómica e política nº 25, julho de 1999.*

Giovanni. A.C (1996) "Farm size, Land yields and The Agricultural Production Function: An analysis for Fifteen Developing Countries". World Development, Vol 13, No 4 pp 513 - 534

Harrison, P (1987), *Inside the third world*, Pengium Books Harmondsworth.

ICASLAS, (1988), "Erosion, productivity and sustainable agriculture" Relatório de um seminário realizado na Texas Tech. University, 25-26 de julho de 1980; *International center for Arid and semi arid land studies.*

IITA (2007), Doubling Maize Production in Nigeria in two years (Duplicar a produção de milho na Nigéria em dois anos). Publicação sobre Agricultura e Saúde.CGIAR.URL://www.iita.org/cms/details/agric_health_project_detail.aspx.

Iken, J.E e Amusa, N. A. (2004): "Maize Research and Production in Nigeria" *African Journal ofAgricultural Economics*, 39: 219-245.

Kassa, M (1970a), *In arid lands transition Associação Americana para o Avanço da Ciência* H.E Dregne (ed) Washington D C. pp123-142.

Koopman, E (1989) "Technical Efficiency in Crop Production: An Application to the Stavropol Regions, USSR" (CARD), Iowa State University Publication No 90 - WP64.

Lal, R (ed) (1988), "Soil Erosion Research Method" *Soil and water conservation* Ankenny, Lowa 244 pp.
Meeusen, W e Vanden Broeck (1977): "Efficiency Estimates from Cobb-Douglas Production Function with Composed Error". *International Economic Review,* 18(2): 435-444.
Ogolla, B.O (1996), Land tenure system and natural resources management. *In land we trust.* pp 85-116.
Ogundari, K e S.O. Ojo, (2005): "The Determinants of Technical Efficiency in Mixed Crop Food Production in Nigeria" Journal of Social Sciences, 13 (2): 131-136.
Ojo, S.O. (2004): "Improving Labour Productivity and Technical Efficiency in Food Crop Production: A Panacea for Poverty Reduction in Nigeria". *Journal of Food Agriculture and Environment,* 2(2): 227-231.
Okoruwa, V.O e Ogundele, O.O, (2006): "A Comparative Analysis of Technical Efficiency between Traditional and Improved Rice Variety Farmers in Nigeria" [Análise comparativa da eficiência técnica entre produtores de variedades de arroz tradicionais e melhoradas na Nigéria]. *Jornal Africano de Política Económica* 11(1):91-108
Olayide, S.O.: e Heady, E.O. (1982): Introduction to Agricultural Production Economics Ibadan: University of Ibadan Press, Nigéria, capítulos 2, 2, 5 e 7.
Ondiege, P (1976), Land tenure and soil conservation. *In land we trust.* Pp 117-142
Pitt, M.M. e Lee, L.F. (1983): "Measurement and Sources of Technical Inefficiency in the Indonesian Weaving Industry", *Journal of Development Economics, 9: 43-64.*
Seyoum, E.T, Battese, G.E. e Fleming, E. M (1998). "Technical Efficiency and Productivity of Maize Producers in Eastern Ethiopia: A Study of Farmers Within and Outside the Sasakawa - Global 2000 project", *Agricultural Economics, 19: 341-348.*
Stocking, M.A (1987), "Measuring land degradation" *in land degradation and society.* Blaikie P e Brookfield Leds H, Methuen, Londres. Pp 49-63.
Tiffen .M, Mortimore .M, e Gichuki .F, (1994), More people, less erosion, environmental recovery in Kenya. John Wiley and sons, Nova Iorque.
Upton .M, (1992), "Farm Management in Nigeria" Occasional Paper. Departamento de Economia Agrícola, Universidade de Ibadan, Nigéria.
Watcher, (1992), *in land we trust* pp125-129.
Banco Mundial, (1992b), *in land we trust,* 118 pp.
Young, A (1988), "Assessment of Land Resources" Um relatório de grupo. Série impressa do ICRAF nº 41. janeiro de 1988. 363pp.

DEPARTAMENTO DE ECONOMIA AGRÍCOLA E EXTENSÃO
LADOKE AKINTOLA UNIVERSITY OF TECHNOLOGY,OGBOMOSO,
OYO TATE QUESTIONÁRIO SOBRE:

ANÁLISE DA PRODUTIVIDADE DOS PRODUTORES DE MILHO AO NÍVEL DA EXPLORAÇÃO AGRÍCOLA NA ZONA AGRÍCOLA DE OGBOMOSO NO ESTADO DE OYO

INVESTIGADOR: OYEWO, I. OYEKUNLE.

SUPERVISOR DO PROJECTO: PROF. Y.L. FABIYI

Agradecemos que prestem toda a assistência possível para o êxito deste questionário, uma vez que todas as contribuições serão tratadas de forma estritamente confidencial.

A: CARACTERÍSTICAS DO CHEFE DO AGREGADO FAMILIAR

1. Número de inquiridos ....
2. Nome da cidade ou aldeia..
3. É nativo (assinale) (a) Nativo [ ] (b) Não nativo [ ]
4. Sexo (assinalar) (a) Masculino [ ] (b) Feminino [ ]
5. Estado civil (assinalar) (a) Solteiro [ ] (b) Casado [ ] (c) Divorciado [ ] (d) Viúvo [ ]
6. Cargos locais exercidos Especificar (a) ....
   (b)..
   (c)..
7. Há quanto tempo se dedica à atividade agrícola (especificar em número de anos) ....
8. Qualificações escolares do inquirido (assinalar) (a) Primário ( ) (b) Secundário ( ) c) Pós-secundário ( ) d) Educação de adultos ( ) e) Nenhum ( )
9. Modo de aquisição do terreno (assinalar) (a) Herdado ( ) (b) Comprado ( ) (c) Arrendado ( ) (d) Dom ( ) (e) Nenhum ( )
10. Dimensão da exploração (a) Número de hectares ....
    (b) Número de parcelas..

B: POPULAÇÃO DO AGREGADO FAMILIAR

11. Número de esposas ....
12. Número de crianças..
13. Educação das crianças..

EDUCAÇÃO				
Crianças	Idade	Primário	Secundário	Pós-secundário

C: NÍVEL DE STATUS

14. Tem algum emprego fora da exploração agrícola, ou seja, ocupação do agregado familiar para além da agricultura (assinalar), Sim ( ) Não ( )

Número do agregado familiar	Tipos de atividade profissional	Rendimento total

15) Utiliza mão de obra familiar na agricultura (assinalar), Sim ( ) Não ( )

	Número	Número de dias	Salário por dia
Mulheres			
Homens			
Crianças			

16. Qual é a fonte de combustível (assinalar), a) Querosene ( ) b) Lenha ( )

17. Quais são os principais investimentos na melhoria dos terrenos? (especificar)..................................

D: TERRENO

18. O terreno é gerido (a) a título privado ....
(b) A nível comunitário ....

19. Qual é a parcela total de terreno agrícola disponível para o seu agregado familiar
(especificar)...................

20. Pode hipotecar algum dos terrenos? Sim...............................
Não...........................

21. É possível transferir o terreno? Sim ....

Não........................

E: DESENVOLVIMENTO DO MERCADO LOCAL

22. Existe mercado para os produtos? (a) Sim ( ) b) Não ( )
23. O mercado está bem desenvolvido e é competitivo? (a) Sim ( ) (b) Não ( )
24. Algum membro agrícola do agregado familiar tem acesso a crédito?
    (a) Sim ( )
    (b) Não( )
25. Em caso afirmativo, utiliza o crédito para a agricultura e qual o montante (especificar o montante)
26. Qual é a fonte do crédito? (a) Amigos ( ) (b) Eesu ( ) (c) Organismos governamentais ( ) (d) Emprestadores de dinheiro ( ) (e) Organismos cooperativos ( ) (f) Famílias alargadas ( )
27. Qual é a percentagem da produção consumida pelo agregado familiar

F: ORGANIZAÇÃO E INSTITUIÇÃO

28. Existe alguma norma contra as práticas de gestão do território? Sim ( ) Não ( )
29. A sua religião é a favor do trabalho manual? Sim ( ) Não ( )
30. Utiliza mão de obra contratada na sua exploração agrícola (especificar)

	Número	Número de dias	Salário por dia
Mulheres			
Homens			
Crianças			

31. Existe algum terreno não utilizado pela comunidade? Sim ( ) Não ( )

G: PERCEPÇÃO DOS AGRICULTORES

32. Tem conhecimento da degradação das terras? Sim ( ) Não ( )
33. Tem conhecimento das causas? Sim ( ) Não ( )
34. Em caso afirmativo, quais são as causas (especificar) (a)
    (b) (......................c) (....................d) ....
35. Está consciente das consequências Sim ( ) Não ( )
36. Considera que uma degradação importante é um fator determinante de rendimentos decrescentes? Sim ( ) Não ( )
37. Tem problemas de erosão? Sim ( ) Não ( )
38. Acha que pode ser controlada, ou seja, a degradação ou a erosão dos solos? problema Sim ( ) Não ( )
39. Em caso afirmativo, é dispendioso? Sim ( ) Não ( )
40. Pratica a queima de mato na sua parcela? Sim ( ) Não ( )

H: POLÍTICAS E PROGRAMAS GOVERNAMENTAIS

41. Tem conhecimento da política de gestão das terras? Sim ( ) Não ( )
42. O governo está a fornecer quaisquer factores de produção agrícola Sim ( ) Não ( )

43. Em caso afirmativo, especificar (a) Fertilizantes ( ) (b) Sementes ( ) (c) Instrumentos agrícolas (d) Trator ( ) e) Outros.......................................

44. Existe alguma lei contra a desflorestação? Sim ( ) Não ( )

45. Em caso afirmativo, existe alguma implementação. Sim ( ) Não ( )

46. Existem infra-estruturas sociais disponíveis? Sim ( ) Não ( )

(d) Em caso afirmativo, especificar (a) Escola ( ) (b) Cuidados de saúde ( ) (c) Boa estrada ( ) Água boa ( )

48. Existe algum extensionista na comunidade? Sim ( ) Não ( )

49. Existe alguma instalação de irrigação na comunidade? Sim ( ) Não ( )

50. Existe alguma fonte de capital do governo? Sim ( ) Não ( )

51. Com que frequência é lançado um programa de gestão de terras na sua comunidade?

(a) regularmente ( ) b) ocasionalmente ( ) c) outros

I: RENDIMENTO AGRÍCOLA

52. Quais são os rendimentos da produção nos últimos 2 ou 3 anos?

Cultura	Ano	Unidade de medida(kongo, Kg, Sacos)	N.º de Ha	Saída / Ha	Produção total	Rendimento / Ha	Rendimento total

53 . Especificar os factores de produção utilizados nos últimos 2 ou 3 anos, por exemplo, fertilizantes, insecticidas

Entradas	Ano	Tipo	Montante	Custo total

54. Possui animais de criação? Especificar o tipo e o número.

55. Pastoreia os terrenos agrícolas com o seu gado? Sim ( ) Não ( )

Printed by Books on Demand GmbH, Norderstedt / Germany